RÜDIGER VON FRITSCH

WELT IM UMBRUCH

WAS KOMMT NACH DEM KRIEG?

aufbau

RÜDIGER VON FRITSCH

WELT IM UMBRUCH

WAS KOMMT
NACH DEM
KRIEG?

aufbau

MIX
Papier | Fördert
gute Waldnutzung
FSC® C083411

ISBN 978-3-351-04209-7

Aufbau ist eine Marke
der Aufbau Verlage GmbH & Co. KG

1. Auflage 2023

www.aufbau-verlage.de
10969 Berlin, Prinzenstraße 85

Satz LVD GmbH, Berlin
Druck und Binden CPI books GmbH, Leck, Germany
Printed in Germany

INHALT

Für Huberta

EINLEITUNG

Wie ein greller Blitz beleuchtet Russlands Angriffskrieg gegen die Ukraine eine geopolitische Landschaft, die seit Jahren, teils Jahrzehnten im Umbruch ist. Der Krieg zeichnet ihre Konturen schärfer, beschleunigt Entwicklungen, zwingt zu Positionierungen, zum Umdenken und zu radikalem Wandel. Die Probleme scheinen unübersichtlicher, stärker miteinander verwoben und größer als die der Vergangenheit. Das Wort von der »Polykrise« macht die Runde, einer historisch noch nicht dagewesenen Ballung gegenläufiger Interessen und Entwicklungen. Ihre Fragen sind die Fragen, von denen dieses Buch sich leiten lässt.

Bis heute dominieren kulturelle und politische, philosophische, religiöse und technologische Ideen des europäischen Kulturraumes die Welt. Sie misst in Zentimeter und Meter, in Stunde und Minute, in Volt und Kilogramm. Die Europäer haben die Errungenschaften der Kulturen des Nahen Ostens aufgegriffen, weiterentwickelt und weltweit verbreitet – die modernen Schriftzeichen, den Kalender, die arabische Null. Das Christentum ist die am weitesten verbreitete Religion der Welt. In Jahrhunderten kolonialer Expansion haben die Europäer sich die Welt unterworfen und Grenzen in Afrika, Asien und Lateinamerika gezogen, die heute noch gelten. Mit dem Buchdruck und der Kernspaltung, dem Verbrennungsmotor und der elektronischen Kommunikation prägt der Westen die Welt von heute. Bis heute.

In machtpolitischer Hybris haben die Europäer auch das Ende ihres Zeitalters eingeleitet und sind ein Akteur unter vielen geworden. In den Trümmern ihrer Kolonialreiche entluden sich Bürgerkriege und es stiegen erfolgreiche Staaten und neue Mächte auf, die heute das Weltgeschehen mitbestimmen. Zwei große Ordnungsmodelle haben die Europäer erdacht – die sozialistische Utopie in ihrer sowjetischen Ausprägung und die parlamentarische Demokratie. Das eine ist gescheitert, das andere steht unter massivem Druck, Autokratien scheinen auf dem Vormarsch. Das größte Land, das Europäer besiedelt haben, führt einen archaischen Eroberungskrieg, der es ins Verderben zu führen droht: Russland. Die stärkste Macht, die sie – ebenfalls in kolonialer Expansion – hervorgebracht haben, ringt um ihren künftigen Weg und ihre Vormachtstellung: die USA. Der bevölkerungsreichste Kontinent der Zukunft wird Afrika sein, der wirtschaftlich stärkste möglicherweise Asien. Dort erhebt ein Land den Anspruch, die vergangene Rolle der Europäer zu übernehmen, künftig die Regeln des internationalen Geschehens zu bestimmen: China. Im Ringen der beiden verbliebenen Großmächte, Chinas und der USA, werden die wichtigsten Entscheidungen über das Machtgefüge der Zukunft fallen. Zwei Kapitel über die beiden Hauptkontrahenten des 21. Jahrhunderts bilden die Achse des vorliegenden Buches.

Darin eingebettet sollen die großen Herausforderungen unserer Zeit in den Blick genommen werden: der Klimawandel und die Lösung der Energieversorgung, die demographische Entwicklung, die Zukunft der globalisierten, arbeitsteiligen Wirtschaft und das dynamische Voranschreiten der Digitalisierung. Gelähmt, wenn nicht gescheitert scheint der Versuch, in den Vereinten Nationen und in anderen multilateralen Organisationen Interessen auf friedlichem Wege auszugleichen. Steuern wir auf eine Welt gegeneinander abgeschotteter Regionen zu, die geprägt ist von Konflikten, in der das Recht des Stärkeren wieder die Stärke des Rechts verdrängt?

Können wir uns als Deutsche und Europäer in einer Welt behaupten, die so stark im Wandel ist? Kann es uns gelingen, traditionelle Stärken zu mobilisieren, können wir die Dinge nicht allein für uns zum Guten wenden, sondern auch zum Nutzen anderer Regionen der Welt? Ist es in der Rückschau auf die Geschichte gerechtfertigt, unsere Probleme für größer und verschlungener, unsere Zukunftsaussichten für hoffnungsloser zu halten als die der Vergangenheit? Gibt es Gründe zur Zuversicht? Welt im Umbruch. Was kommt nach dem Krieg?

NACHKRIEGSZEIT – VORKRIEGSZEIT

DIE TEILUNG DER WELT

Zeitenwende. In der Nacht vom 8. auf den 9. Mai 1945 unterzeichnen in Berlin Vertreter der Wehrmacht die bedingungslose Kapitulation des Deutschen Reiches. Noch ist der Zweite Weltkrieg nicht zu Ende; erst mit dem Einsatz zweier Atombomben erzwingen die USA am 2. September auch die Kapitulation Japans.

Die Unterzeichnung am 8. Mai war ein eher symbolischer Akt. Tatsächlich kapituliert hatte die Wehrmacht tags zuvor, im französischen Reims, gegenüber Vertretern der Westmächte. Doch die Sowjetunion hatte auf einer Wiederholung in der von ihr eroberten und kontrollierten deutschen Hauptstadt bestanden. Der Zeitpunkt, der für die Zeremonie in Karlshorst gewählt worden war, spaltete fortan die Erinnerung an diesen Tag. Als die deutschen Offiziere ihre Unterschrift unter das dreiseitige Papier setzten, hatte in Moskau bereits der 9. Mai begonnen. Aus unserem 8. Mai, dem »Tag der Kapitulation«, wurde über die Jahre der »Tag der Befreiung«. In der Sowjetunion spielte das Datum zunächst keine herausgehobene Rolle, erst unter Breschnew gewann der 9. Mai als »Tag der Befreiung Europas vom Faschismus« an Bedeutung. Nach den Feiern zum 50. Jahrestag 1995 wurde der Tag immer eindrucksvoller und pompöser begangen, schließlich als »Tag des Sieges« und, so Wladimir Putin 2020, als »heiliges Datum«. Die gewaltige und opferreiche, am Ende erfolgreiche Anstrengung der Menschen des Riesenreiches wurde zum letzten Anknüpfungspunkt, der die Bürger Russlands in stolzer Erinnerung eint. Von den gegenwärtigen Machthabern wird diese Erinnerung dazu genutzt, den Krieg gegen die Ukraine zu rechtfertigen: Wieder geht es gegen Faschisten, und wir müssen zusammenstehen.

Unter Punkt 4 der lediglich aus sechs Punkten bestehenden Urkunde vom 8. Mai heißt es, die Kapitulation präjudiziere keine späteren Bestimmungen, die noch durch die »Vereinten Nationen« getroffen würden. Der Begriff, der die Nachkriegsjahrzehnte mitprägen sollte, bezeichnete sowohl die alliierten Mächte, die Deutschland niedergerungen hatten, als auch die 50 Staaten, die zu diesem Zeitpunkt tagten und im Juni 1945 die Organisation gleichen Namens gründeten. Mit besseren Verfahren und stärkeren Instrumenten sollte sie an die Stelle des Völkerbundes treten, jener im Ergebnis des Ersten Weltkriegs entstandenen Organisation, die es nicht vermocht hatte, Konflikten vorzubeugen, zwischenstaatliche Streitigkeiten zu regeln und Abkommen zur Abrüstung und Rüstungskontrolle zu verabreden.

Ideen, das Miteinander der Staaten durch einen übergreifenden Zusammenschluss und ein für alle verbindliches »Völkerrecht« zu regeln, hatte es seit Jahrhunderten immer wieder gegeben. Doch die internationale Politik war bestimmt geblieben von Kriegen und der Expansion einzelner Staaten, von Allianzen, die sich gegeneinander verabredeten, und Konferenzen, auf denen große Mächte das Geschick kleinerer entschieden, Einflusssphären und Pufferzonen verabredeten. Es bedurfte der Erschütterung und des furchtbaren Leids zweier Weltkriege, bis die Idee einer internationalen Friedensorganisation Wirklichkeit werden konnte.

Doch auch die Vereinten Nationen trugen bei ihrer Gründung noch die Spuren vergangener Epochen in sich. Zwar wurde für Beschlüsse der Generalversammlung aller Staaten das Mehrheitsprinzip verabredet, doch im Sicherheitsrat, dem entscheidenden Gremium, behielten sich fünf große Mächte das Recht vor, jegliche Entscheidung durch ein Veto verhindern zu können: die Sowjetunion, China, die USA, Frankreich und das Vereinigte Königreich. Ein historisches Gepäck der alten Zeit, das die Handlungsfähigkeit der Vereinten Nationen entscheidend schwächen sollte.

Schon im Jahr zuvor, 1944, war eine internationale Währungsordnung geschaffen worden, die den amerikanischen Dollar zum entscheidenden Zahlungsmittel der globalen Finanztransaktionen machte und die starke Stellung der USA mitbegründete, das »Bretton-Woods-System«. Zwei mit den Vereinten Nationen verbundene Organisationen sollten es durchsetzen und kontrollieren: die Weltbank und vor allem der Internationale Währungsfonds.

Das Bündnis, das sich gegen das nationalsozialistische Deutschland zusammengeschlossen hatte, zerfiel rasch. An seine Stelle trat eine von ideologischen Gegensätzen geprägte Konfrontation: der Ost-West-Konflikt. Zwei Mächte bestimmten fortan das internationale Geschehen, die USA und die Sowjetunion, die sich durch die Logik der Abschreckung gegenseitig in Schach hielten; beide verfügten über so viele nukleare Massenvernichtungswaffen, dass sie auch nach einem Überraschungsschlag des Gegners diesen noch immer vollständig vernichten konnten. Vor allem im Zuge der Auflösung der alten Kolonialreiche kam es zu Kriegen, in denen die beiden »Supermächte« ihren Anspruch durchzusetzen suchten, neue Staaten, die auf dem Weg in die Unabhängigkeit waren, ihrem jeweiligen Lager einzugliedern. Zur ersten und zur zweiten Welt – den beiden Großmächten und ihren Verbündeten – kam »die Dritte Welt«.

Die USA ließen keinen Zweifel an ihrem Anspruch auf Vorherrschaft in ihrem Machtbereich, doch gewährten sie ihren Partnern und Verbündeten jene politischen, gesellschaftlichen und wirtschaftlichen Freiheiten, die sie selbst hatten so erfolgreich werden lassen. Die Sowjetunion hingegen hielt nicht nur ihre eigenen Bürgerinnen und Bürger weiterhin unter Vormundschaft, sondern unterwarf auch sämtliche Staaten ihres Herrschaftsbereiches den Ideen einer sozialistischen Ordnung, die einen neuen Menschen schaffen wollte. Nach den Maßgaben einer ideologisch ausgerichteten Planwirtschaft sollten möglichst umfassend alle Lebensbereiche erfasst, geregelt und bestimmt werden, Gehorsam wurde belohnt, Abweichung bestraft. Der Versuch, den Menschen in das Prokrustes-Bett einer Ideologie zu spannen, statt auf die schöpferische Entfaltung des Individuums zu setzen, erwies sich jedoch als untauglich und wirklichkeitsfern. Während es den Ländern des Westens gelang, immer größeren Wohlstand für eine immer größere Zahl von Menschen zu schaffen, fielen die sozialistischen Länder im Vergleich mehr und mehr zurück.

Doch es waren vor allem auch die Freiheits- und Bürgerrechte der Menschen in den westlichen Ländern, die denen im sowjetischen Machtbereich als Verheißung erschienen. Nur mit andauernder Repression gelang es den sozialistischen Machthabern, das Streben ihrer Bürgerinnen und Bürger zu unterdrücken, sich frei zu äußern und zu informieren, freie politische Entscheidungen treffen und frei reisen zu dürfen. Immer wieder lehnten die Menschen sich auf, und mehrfach konnte ihr Wunsch nach Freiheit nur durch den Einsatz auch militärischer Mittel unterdrückt werden: 1953 in der DDR, 1956 in Ungarn und in Polen, 1968 in der Tschechoslowakei, 1981 wieder in Polen. Möglich war die Niederschlagung solcher Erhebungen auch, weil es eine mehr oder minder stillschweigende Verabredung der Großmächte gab, dass man in Angelegenheiten innerhalb des Machtbereichs des jeweils anderen nicht eingreifen werde.

Die Jahrzehnte der Ost-West-Konfrontation waren von militärischer Spannung und der Sorge vor unkontrollierten Entwicklungen bis hin zu einem großen Krieg bestimmt. In den 1970er Jahren kam es mit den Verabredungen der »Konferenz über Sicherheit und Zusammenarbeit in Europa« (KSZE) in Helsinki zu einer entscheidenden Wendung: Aus bloßer Konfrontation wurde geordnete Konfrontation. Ein wesentliches Hindernis für eine Annäherung in Europa war die ungelöste Zukunft Deutschlands gewesen. Sowohl das Verhältnis der beiden deutschen Staaten zueinander als auch das Verhältnis beider zu den Staaten des jeweils anderen Machtblocks und nicht zuletzt der Verbleib der deutschen Ostgebiete waren ungeklärt. Die Ost- und Entspannungspolitik der Bundesrepublik hatte Bewegung in diese Fragen gebracht.

Die KSZE war ursprünglich eine sowjetische Initiative gewesen, mit der man in Moskau auch die Absicht verbunden hatte, die USA aus Europa hinauszudrängen. Im Ergebnis kam es nicht nur zu einer den Atlantik übergreifenden Vereinbarung. Die Helsinki-Schlussakte von 1975 erwies sich zudem als eine enorme Herausforderung für die Staaten des sowjetischen Machtbereichs, insbesondere wegen der Verabredungen im sogenannten Korb III, der die Einhaltung von Menschen- und Bürgerrechten in allen Teilnehmerstaaten garantierte. Es waren anfangs nur einzelne mutige Frauen und Männer, die sich darauf beriefen, doch am Ende trug die Helsinki-Schlussakte dazu bei, dass in den Staaten Ostmittel- und Osteuropas die Zivilgesellschaft wesentlich zum Wandel in der großen Politik beitrug.

Obwohl es im Bereich der Rüstungskontrolle und Abrüstung Fortschritte gab, blieben die wechselseitigen Bedrohungen bestehen. Eine neue Phase der Hochrüstung in den 1980er Jahren verschärfte die ohnehin enormen wirtschaftlichen Schwierigkeiten der sozialistischen Länder, am Ende stand die Implosion des sowjetischen Machtbereiches einschließlich der Sowjetunion selbst. Die Auflehnung der Menschen in den baltischen Republiken Ende der achtziger Jahre – die »singende Revolution« –, erste, weitgehend freie Wahlen in Polen 1989 und die friedliche Revolution in der DDR markierten den Anfang. 1990 konnten die beiden deutschen Staaten sich vereinigen, was insbesondere den USA und der Sowjetunion zu verdanken war; Deutschland verzichtete auch formell auf die ehemals deutschen Ostgebiete, die nun endgültig Teil Polens und der Sowjetunion wurden.

Im Dezember 1990 schrieben die KSZE-Staaten in einer neuen, grundlegenden Vereinbarung die Schlussakte von Helsinki fort. Ziel der »Charta von Paris« war die Schaffung einer europäischen Friedensordnung. Mit dem Vertrag über konventionelle Streitkräfte in Europa (KSE) wurde die Zahl der angriffsfähigen konventionellen Waffensysteme in Europa um mehr als 50.000 reduziert, Europa wurde sicherer. Widerlegt wurde damit das Argument von Vertretern der Friedensbewegung, dass jede produzierte Waffe auch eingesetzt wird. 1986 gab es auf der Welt mehr als 70.000 nukleare Sprengköpfe, im Ergebnis umfassender Abrüstungsabkommen waren es im Juni 2022 nach Angaben des Stockholmer Friedensforschungsinstituts SIPRI 12.705 – auch wenn dies noch immer 12.705 zu viel sind.

Alle Teilnehmer der KSZE hatten sich schon in Helsinki gegenseitig das Recht zugestanden, ihren nationalen Weg in freier Entscheidung zu gehen, einschließlich der Wahl des Bündnisses. Der Sowjetunion fiel es 1990 nicht schwer, dies zu bekräftigen – niemand konnte sich vorstellen, dass sie bereits zwei Jahre später zerfallen und ihr eigenes Militärbündnis, der Warschauer Vertrag, aufgelöst werden würde. Der sowjetischen Führung gelang es nicht mehr, die multiplen Widersprüche und Schwierigkeiten, die sich aufgebaut hatten, unter Kontrolle zu bekommen. Am 8. Dezember 1991 teilten die Präsidenten der Teilrepubliken Russland, Ukraine und Weißrussland dem Präsidenten der UdSSR, Michail Gorbatschow, lapidar per Telefon mit – zuvor hatten sie US-Präsident Bush unterrichtet –, dass »die UdSSR als völkerrechtliches Subjekt sowie als geopolitische Realität … ihre Existenz beendet« habe. Eine der beiden Supermächte verschwand schlicht von der geopolitischen Landkarte.

RUSSLANDS NICHT AUFGEARBEITETE GESCHICHTE

Mit dem Zerfall der Sowjetunion war das alte Reich auf die europäischen Gebiete Russlands und jene östlich des Ural reduziert. 14 neue Staaten beriefen sich auf die in der Schlussakte von Helsinki und der Charta von Paris verbrieften Rechte und gingen eigene Wege: die baltischen Staaten, Weißrussland, die Ukraine, die Republik Moldau, die Länder südlich des Kaukasus und Zentralasiens. Mit Polen, der Tschechoslowakei, Ungarn, Rumänien und Bulgarien sagten sich alle Staaten von Moskaus Vorherrschaft los, die am Ende des Zweiten Weltkrieges dem sowjetischen Herrschaftsbereich zugeschlagen worden waren. Zwei Ziele standen für sie dabei im Vordergrund: Demokratien mit marktwirtschaftlicher Ordnung zu bauen und, angesichts ihrer historischen Erfahrungen, Sicherheit vor Moskau zu erhalten.

Konsequenterweise strebten die Staaten Ostmitteleuropas in die EU und in die NATO, die sich diesen Wünschen gegenüber durchaus zögerlich zeigte. Doch mit welchem Argument hätten ihnen die Westeuropäer, die seit Langem im transatlantischen Bündnis lebten, den Wunsch nach gleicher Sicherheit verwehren können? Russland steckte in den 1990er Jahren in inneren Turbulenzen und führte ab Dezember 1994 in Tschetschenien einen blutigen Krieg, der auf viele ostmitteleuropäische Staaten wie ein Menetekel wirkte. Gleichwohl legte die NATO Wert darauf, sich vor einer Erweiterung zunächst mit Russland über Fragen der beiderseitigen Sicherheit zu verständigen. Dies geschah 1997 in der »NATO-Russland-Grundakte«.

Als 2004 die zweite Erweiterungsrunde der NATO abgeschlossen war, erklärte Präsident Putin: »Hinsichtlich der NATO-Erweiterung haben wir keine Sorgen mit Blick auf die Sicherheit der Russischen Föderation.« Was er später als bedrohliche Ausdehnung der NATO nach Osten bezeichnen sollte, war in Anbetracht des Wunsches der Ostmitteleuropäer deren Wendung nach Westen. Dass Geographie auch eine Frage der politischen Verortung ist, hat der frühere polnische Außenminister Radek Sikorski 2014 für sein Land auf den Punkt gebracht: »Vor fünfundzwanzig Jahren waren wir Osteuropa. Als wir der NATO und der EU beitraten, wurden wir Mitteleuropa. Jetzt sind wir dank unserer Widerstandsfähigkeit gegenüber der Finanzkrise Nordeuropa«.

Mit der UdSSR war 1991 zugleich das alte russische Reich untergegangen, das zuletzt den Namen Sowjetunion trug. Historisch war Russland lange Zeit einen anderen Weg als der Westen Europas gegangen, über Jahrhunderte hatte es unter mongolischer Fremdherrschaft gestanden. Wichtige Entwicklungen, die die politische, kulturelle und soziale Geschichte des Westens prägten, erreichten Russland nicht oder kaum: Renaissance und Reformation, Aufklärung und das in Revolutionen erkämpfte Recht des Individuums, sein Geschick selbst in die

Hand zu nehmen. Seit dem frühen 17. Jahrhundert konsolidierten die Romanows ihre Macht, zu Beginn des 18. Jahrhunderts öffnete Peter der Große sein Reich nach Westen.

Der »Deutschen auf dem Zarenthron«, Katharina der Großen, wird der Satz zugeschrieben: »Russlands Grenzen kann man nur schützen, indem man sie beständig ausweitet«. Dies geschah, in oft blutigen kolonialen Eroberungsfeldzügen. Um die baltischen Gebiete und Teile Polens erweitert, dehnte das Land sich nach Nordwesten aus, im Süden wurden ukrainische Gebiete und die Krim erobert, im 19. Jahrhundert erfolgte die Expansion in den Kaukasus und darüber hinaus sowie nach Zentralasien und schließlich weit nach Osten – das damals schwache China musste ab 1858 große Gebiete an das Russische Reich abtreten. Der Pakt der Diktatoren Hitler und Stalin von 1939 und der sowjetische Angriffskrieg gegen Finnland 1939/40 führten zu einer abermaligen Erweiterung des russischen Imperiums. Mit den Grenzziehungen von Jalta und Potsdam erreichte Stalin am Ende des Zweiten Weltkrieges die größte Ausdehnung der russisch-sowjetischen Macht.

Mit der Sowjetunion zerfiel 1991 das letzte große Kolonialreich auf Erden. Russland durchlebte danach ein dramatisches Jahrzehnt. Zum Verlust an Macht und Geltung, Einfluss und Status kamen enorme wirtschaftliche und soziale Probleme hinzu, die der Kollaps des sowjetischen Systems produziert hatte. Radikale Wirtschaftsreformen verschärften Not und Armut und spülten Profiteure nach oben, denen es gelang, sich riesige Stücke vom Kuchen des nationalen Vermögens zu sichern. Westliche Staaten und internationale Finanzinstitutionen bemühten sich, dem wankenden Koloss zur Seite zu stehen. Dank dieser Unterstützung und weiteren Reformen zeichneten sich gegen Ende der 1990er Jahre schließlich Erfolge ab, die ökonomischen Indikatoren wiesen nach oben.

Genau in jener Phase kam es am 31. Dezember 1999 in Moskau zu einem Machtwechsel. Der neue Mann, Wladimir Putin, erst seit August Ministerpräsident unter Jelzin, verstand es geschickt, die tiefen Verwerfungen des zurückliegenden Jahrzehnts, die das Scheitern der Sowjetunion verursacht hatte, seinen unmittelbaren Vorgängern zuzuweisen und die einsetzenden Erfolge zum schnellen Ausbau seiner eigenen Karriere zu nutzen. Gestützt auf die Sicherheitsdienste, denen er selbst entstammte, schaffte er es, konkurrierende Herrschaftsansprüche insbesondere aus der Gruppe der Neu-Reichen, der sogenannten Oligarchen, zu neutralisieren.

Fragt man, wie damals Wladimir Putins Vorstellung von der Zukunft seines Landes ausgesehen haben mag, gibt seine Rede im Deutschen Bundestag im Herbst 2001 Aufschluss. Er wolle sein Land in die Demokratie und in die Marktwirtschaft führen und die schwierige Aufgabe angehen, sich mit der Geschichte seines Landes ehrlich auseinanderzusetzen. Der russische Präsident mag tatsächlich gehofft haben, sein Land auf diesem Wege in eine gute Zukunft zu führen. Doch als erste Schwierigkeiten auftauchten, zunächst im wirtschaftlichen Bereich, begann er mit den alten Reflexen der Planwirtschaft zu reagieren. Er zeigte sich weder willens noch in der Lage, das antiquierte Wirtschaftsmodell seines Landes zu modernisieren; es basiert auf der Ausbeutung seiner natürlichen Reichtümer. Als es gut ein Jahrzehnt später zu massiven Protesten gegen die zunehmende Einschränkung demokratischer Freiheiten und die Fälschung von Wahlen kam, ging er mit den repressiven Methoden eines sowjetischen Geheimdienstoffiziers dagegen vor. »Einmal KGB, immer KGB«, hat er über sich gesagt.

In der internationalen Ordnung sah Wladimir Putin sein neues, verkleinertes Reich nicht angemessen aufgehoben. Immer stärker steigerte er sich in die Vorstellung hinein, die Politik des Westens richte sich gezielt und geplant gegen Russland. Den NATO-Beitritt ostmitteleuropäischer Länder bezeichnete er, ungeachtet der getroffenen Sicherheitsverabredungen, zunehmend als Einkreisung; es handele sich um eine gegen sein Land gerichtete Verschwörung. Der Sündenfall war aus seiner Sicht das Eingreifen der NATO im Kosovo 1999 gewesen, die dort weitere schlimme Massaker zu verhindern suchte, zu welchen es bereits gekommen war. Die Intervention erfolgte ohne Mandat der Vereinten Nationen. Dies machte es problematisch, doch es war Russland gewesen, das ein solches Mandat im UN-Sicherheitsrat verhindert hatte.

Der von Wladimir Putin zwischen 1999 und 2009 brutal geführte zweite Tschetschenienkrieg und seine zunehmend autoritäre Herrschaft bestärkten im Westen Einschätzungen, Russland stelle weiterhin eine unberechenbare Gefahr dar, die es in Schach zu halten gelte. Die Entfremdung und das Misstrauen wuchsen. Als sich auch in der Ukraine die Zeichen für einen Weg hin nach Westen mehrten, war für den russischen Präsidenten eine rote Linie überschritten. Schließlich gilt Kiew auch als Gründungsort der mythischen alten »Rus«, auf die Russland sich zurückführt. Weil er sich mit den Mitteln der regelbasierten internationalen Ordnung nicht hatte durchsetzen können, griff Putin zur Gewalt. Im Versuch, dem Nachbarland den Weg zu versperren, annektierte er die Krim und entfachte einen Krieg im Südosten der Ukraine. Noch einmal ließ er sich auf diplomatische Verabredungen mit dem vermittelnden Westen ein, mit Deutschland und Frankreich, und führte seinen Vorstoß nicht weiter fort. Einstweilen.

Von den drei in seiner Bundestagsrede 2001 genannten Zielen setzte Putin kein einziges um. Vor allem unterblieb eine ehrliche und offene Auseinandersetzung mit der Geschichte; es ließen sich nicht einmal Ansätze erkennen, insbesondere die

Schrecken der Stalin-Zeit mit ihren unmenschlichen Lagern und ihrem unsäglichen Leid aufzuarbeiten. Es war eine mutige Zivilgesellschaft, die sich der Herausforderung stellte, die Verbrechen der Vergangenheit als solche zu benennen. Aber die Frauen und Männer von »Memorial« gerieten immer mehr unter Druck und wurden 2021 endgültig zum Schweigen gebracht. Dabei wäre ein offener Umgang mit der eigenen Geschichte und deren Fehlern eine zentrale Voraussetzung gewesen, das Land nicht nur mit sich selbst zu versöhnen, sondern es auch zu einem guten Nachbarn zu machen.

Doch mit der ehrlichen Aufarbeitung der Geschichte wäre ein großes Tabu berührt gewesen. »Kto winowat?« – »Wer trägt die Schuld?« ist, so sagt man, eine der wichtigsten Fragen der russischen Sprache. Stets geht es darum, die Verantwortung bei anderen zu suchen. Aus Erfahrung wissen wir Deutsche, wie schwer es ist, in der Auseinandersetzung mit der eigenen Geschichte den richtigen Weg zu finden. Die jetzige russische Führung hat nicht einmal versucht, ihn zu beschreiten, sie hat, im Gegenteil, sogar zunehmend auf eine Rehabilitierung Stalins hingearbeitet. Putin selbst begann, sich immer intensiver mit der Geschichte zu beschäftigen, stets auf der Suche nach der Schuld der anderen und dem Anspruch Russlands auf sein großes altes Reich. Im Vorfeld der Invasion in der Ukraine wurden seine historischen Exkurse geradezu obsessiv.

Vor diesem Hintergrund erklärt sich auch der uns so irritierende Satz des russischen Präsidenten, der Untergang der Sowjetunion sei »die größte geopolitische Katastrophe des 20. Jahrhunderts« gewesen. Der Verlust des alten Reiches und seiner Größe wurde zum unbewältigten Trauma, das immer mehr Platz in seinem Denken und Handeln einnahm.

Wenn man den Untergang des Imperiums nicht selbst zu verantworten hatte, dann konnte es im Denken einer von

Geheimdienstoffizieren geprägten Führung auch nicht sein, dass es Unzufriedenheit und Empörung der Menschen waren, die das System in vielen Nachfolgestaaten der Sowjetunion kollabieren ließen, vielmehr mussten gegen Russland gerichtete Einflüsse aus dem (westlichen) Ausland die Menschen dort in die Irre geleitet haben. Dass die Politik Moskaus entscheidend zur Entfremdung mit den Nachbarn beigetragen hatte und weiter beitrug, blendete man geflissentlich aus: die beiden blutigen Tschetschenienkriege, die Kriege mit Georgien und gegen die Ukraine, das Eingreifen in Syrien – all das rief in anderen Ländern Empörung hervor und weckte historisch begründete Ängste.

SCHULD DES WESTENS?

Wahrnehmung wird zur Grundlage politischen Handelns. Zugleich kann man zu Recht die Frage stellen, ob »der Westen« denn tatsächlich genug unternommen hat, Russland einzubinden, oder ob er nicht gar eine gegen Russland gerichtete Politik geführt hat.

In den 1990er Jahren rivalisierten im Westen Vorstellungen, die auf eine größtmögliche Eindämmung Moskaus zielten, mit einer Linie, die einem verlässlichen Russland einen stabilen Weg in die Zukunft zu ermöglichen suchte. Sowohl in den USA als auch in den neuen Mitgliedstaaten von EU und NATO gab es nicht Wenige, die die Gelegenheit für günstig hielten, sicherzustellen, dass aus der Trümmerlandschaft der gescheiterten Großmacht nicht wieder ein bedrohlicher Faktor der Weltpolitik entstand. Dem stand die Auffassung gegenüber, die beste Gewähr für eine friedliche Zukunft des Kontinents wäre ein gemeinsamer Weg mit einem modernen, demokratischen Russland. Nicht nur die Regierungen Clinton und Obama, auch die republikanischen Administrationen verfolgten eine Politik, die auf letzteres setzte, in Bereitschaft zu Dialog und Kooperation, aber auch entschlossener Reaktion dort, wo Russland gemeinsam vereinbarte Regeln verletzte.

Es war die sprunghafte und auf Stärke und Drohgebärden setzende Außenpolitik Donald Trumps, die die Wahrnehmung Moskaus vom Westen verfestigen sollte. Gegenüber Putin schwankte er zwischen Bewunderung und Imponiergehabe; er überzog Russland mit immer weiter reichenden Sanktionen, kündigte Truppenstationierungen in Polen an und setzte den Dialog aus. Moskau sah sich bestätigt in der Annahme, dass der Westen, auch in seinem ewigen Wechsel demokratischer Wahlen, unberechenbar bleibe und man mit ihm dauerhaft nicht werde zusammenkommen können. Präsident Biden nahm bei einem Treffen mit Putin im Juni 2021 die alte Linie wieder auf – klare Benennung und Sanktionierung inakzeptablen Verhaltens bei gleichzeitigem Angebot, sich gemeinsam über die großen Fragen auszutauschen, die zu lösen im Interesse aller liegt: Abrüstung und Klimawandel, Pandemien und Terrorismus, die Zukunft der Globalisierung.

Dem doppelten Ansatz – Gesprächsbereitschaft *und* entschlossene Reaktion – folgte auch die deutsche Außenpolitik. Hierzu gehörten konkrete Unterstützungen wie Angebote der Kooperation, der Ausbau des Handels, die Förderung zivilgesellschaftlicher Verbindungen, des wissenschaftlichen und kulturellen Austauschs. Wesentlich auf deutsche Initiative wurden die G7 um Russland zur G8 erweitert, Projekte der Zusammenarbeit mit der Europäischen Union auf den Weg gebracht und nicht zuletzt die »NATO-Russland Grundakte« vereinbart. Konsens darüber herzustellen, russischer Repression oder Aggression mit Entschlossenheit entgegenzutreten, erwies sich häufig als schwieriger. In allen deutschen Parteien wie in der deutschen Öffentlichkeit gab es starke, teils aus amerikakritischer Haltung genährte Strömungen, die mehr Verständnis für Russland einforderten, an Deutschlands historische Verantwortung erinnerten und zu Nachsicht, ja Nachgiebigkeit drängten. Noch im Juni 2018 musste Außenminister Maas sich wegen seiner klaren Linie gegenüber Russland vor der SPD-Parteiführung rechtfertigen »und sich mit deren Verklärung von Willy Brandt auseinandersetzen«, wie ein Kommentator vermerkte.

Eine Weltsicht, die Richtung Osten ganz auf Russland fixiert war, nahm die Völker Ostmitteleuropas kaum in den Blick, stufte deren Interessen als zweitrangig ein. Übersehen wurde, dass Deutschland auch ihnen gegenüber historische Verantwortung trägt. Dies musste in vielen Hauptstädten der Region zu Irritationen führen. Sie wurden durch die Folgen der deutschen Energiewende verstärkt. Die Entscheidung, auf die Nutzung von Kohle und Kernkraft zu verzichten, noch bevor ausreichend erneuerbare Energien zur Verfügung standen, wurde von einer breiten Mehrheit der Bürgerinnen und Bürger unseres Landes geteilt. Doch nun brauchte Deutschland viel zusätzliches Gas.

Der Entscheidung, dieses Gas in übergroßem Maße aus Russland zu beziehen, lagen verschiedene Überlegungen zugrunde. Flüssiggas-Kapazitäten aufzubauen, verwarf die deutsche Energiewirtschaft als zu teuer, mithilfe von Fracking in den USA gewonnenes Gas wurde als inakzeptabel angesehen, da umweltschädlich, die Länder mit den größten Gasvorkommen hießen nur ausnahmsweise Norwegen, ansonsten China oder Iran, Katar – oder eben Russland. Und die Transportwege für russisches Gas waren vergleichsweise kurz. So blieben die Energiepreise in Deutschland niedrig, nicht zuletzt für die Industrie.

Eine wesentliche Rolle bei der Abwägung des Gasgeschäfts mit Russland spielte die Tatsache, dass die gut 40 Prozent des Gases, das Westeuropa aus Russland bezog, für Russland 70 Prozent seines Gasexportes darstellten. Dass Moskau daran denken könnte, sich diese wichtigste Einnahmequelle selbst zu verschließen und sich damit massiv zu schaden, wurde für nicht wahrscheinlich gehalten.

Nicht nur in Deutschland, auch im Kreis der europäischen Partner war es schwierig, Geschlossenheit herzustellen, sobald eine wirkungsvolle Reaktion auf russische Aggression notwendig wurde. Dies galt 2008, als es Russland gelang, Georgien zu einem Angriff zu provozieren, um anschließend einen vorbereiteten Eroberungskrieg zu führen, ebenso wie 2014 nach dem ersten russischen Angriff auf die Ukraine. Nicht wenige Partner in der EU sträubten sich gegen weitgehende Sanktionen und plädierten bald wieder für deren Beendigung; sie hatten vor allem Nachteile für ihre Handelsbeziehungen mit Russland im Blick. Jede Verlängerung der Sanktionen verlangte Überzeugungsarbeit und geriet zur schwierigen Debatte. Die Stärke Europas, seine gebündelte Macht einsetzen zu können, erwies sich als Schwäche, als es darum ging, angesichts widerstreitender Interessen und Einschätzungen in einer für alle wichtigen Frage einen Konsens herzustellen.

»Der Westen« hat gewiss nicht immer alles richtig gemacht im Verhältnis zu Russland, aber sehr vieles in konstruktiver Absicht unternommen und versucht, dem großen Land und seiner besonderen Situation gerecht zu werden. Erschwert wurde dies durch eine abweisende und auch aggressive Politik Moskaus und dadurch, dass ein Russland, das Einfluss nehmen möchte und nach Respekt heischt, stets erwartet, dass die andere Seite den ersten Schritt unternimmt und Angebote macht. Stets hat sich alles um Russlands Interessen, Traumata und

Befindlichkeiten zu drehen – jene Estlands, der Ukraine oder Polens zählen nicht. Während der letzten Jahre vor dem Krieg saß man in Moskau da und wartete, voller Vorwürfe an den Westen. Man fühlte sich zurückgesetzt und unternahm wenig, selbst Vertrauen zu bilden, Vorschläge im Interesse aller zur Gestaltung der Zukunft zu unterbreiten und somit ein attraktiver Partner zu sein. Stattdessen beschloss Putin in einer grotesken Fehlkalkulation, am 24. Februar 2022 die Mission seines Landes gewaltsam zu vollenden.

Während man in Russland stets die Schuld bei anderen sucht, spielt die Frage, welchen Einfluss unser Handeln auf Russlands Weg und Putins Entscheidungen gehabt haben könnte, in unserer Debatte eine wichtige Rolle. Häufig wird dann eine Äußerung Präsident Obamas zitiert, der Russland mit der Bemerkung gedemütigt habe, es sei bloß eine Regionalmacht. Wie viel Demütigungen hat Russland anderen zugefügt? Unsere Suche nach unserer Verantwortung wird in Russland gern mit dem Hinweis quittiert, wir sollten uns und unseren Einfluss nicht zu wichtig nehmen.

NEUE MÄCHTE, NEUE KRISEN

Während noch die Konfrontation zwischen den USA und der Sowjetunion das Weltgeschehen bestimmte, hatte ein Land sich aufgemacht, nach anderthalb Jahrhunderten des Niedergangs und der Demütigung durch europäische Mächte, nach zwei Jahrzehnten eines blutigen Bürgerkrieges und der Besetzung durch Japan auf die Bühne der Weltpolitik zurückzudrängen: China. Als das Land Ende der siebziger Jahre begann, sich zu öffnen und wirtschaftlich zu liberalisieren, entdeckten westliche Unternehmen das ungeheure Potenzial des Reichs der

Mitte – als Absatzmarkt, Zulieferer und günstiger Standort für die Produktion. Als ernsthafter Konkurrent wurde das Land nicht gesehen; die Chinesen, so die verbreitete Auffassung, seien bestenfalls in der Lage zu kopieren, nicht jedoch durch Innovation und wirtschaftliche Dynamik westliche Unternehmen und Volkswirtschaften ernsthaft herauszufordern. Doch China wurde ökonomisch und technologisch immer stärker – und auch politisch, mit dem festen Vorsatz, bis zum hundertsten Jahrestag der Ausrufung der Volksrepublik, 2049, zur globalen Nummer eins zu werden. Damit stellte das Reich der Mitte den globalen Machtanspruch der USA infrage.

Unter der Herrschaft seines derzeitigen Machthabers, Xi Jinping, treten immer stärker politische Ziele und imperiale Ambitionen in den Vordergrund des von wirtschaftlichem Erfolg geprägten Aufstiegs Chinas. Deutlich nationale Töne beginnen seine Politik zu kennzeichnen, vor allem, wenn es um die offene Wunde im Selbstverständnis der meisten Chinesen geht: Taiwan. Die Insel, auf die sich am Ende des Bürgerkrieges 1949 die nationalchinesische Regierung zurückgezogen hatte, ist seither unter amerikanischem Schutz einen demokratischen und wirtschaftlich enorm erfolgreichen Weg gegangen. Für Peking ist sie untrennbarer Teil des einen China, das es wieder zu vereinen gilt. Jenseits des Krieges in der Ukraine scheint ein anderer geopolitischer Konflikt wie ein noch größeres Wetterleuchten am Horizont auf.

Der Zweite Weltkrieg hatte auch das Ende der Machtstellung der letzten großen europäischen Kolonialmächte eingeleitet, Großbritanniens und Frankreichs. Kaum ein Übergang der ehemaligen Kolonien in unabhängige Staaten ging ohne Bürgerkriege oder nationale Katastrophen ab. Sogenannte Befreiungsbewegungen wurden zum Spielball im Ost-West-Konflikt. In Südostasien scheiterten die USA in blutigen Kriegen mit teils dramatischen Folgen bei dem Versuch, wachsenden kommunistischen Einfluss in der Region einzudämmen. Als mit dem Ende des Kalten Krieges eine neue Phase der Globalisierung einsetzte, gelang es einer Reihe der früheren Kolonien, teils eindrucksvolle Entwicklungserfolge zu erzielen. Aus der »Dritten Welt« wurden die »Länder des globalen Südens« – ein Begriff, der gängig geworden ist, auch wenn er sehr verschiedene Länder mit höchst unterschiedlichen Gegebenheiten umfasst.

Die berechtigte Sorge von Ländern wie Indien, Brasilien oder Südafrika, die aus der wachsenden Globalisierung erheblichen Nutzen ziehen konnten, gilt heute der Frage, wie es angesichts einer sich fragmentierenden internationalen Ordnung um die Zukunft der weltweiten wirtschaftlichen Verflechtung bestellt sein wird. Die zunehmend spürbaren Folgen der amerikanisch-chinesischen Frontstellung und die Einbrüche während der Corona-Pandemie und deren Auswirkungen lassen die Gefährdungen bereits sichtbar werden. Den Ländern des Nordens bescherte der Krieg Russlands gegen die Ukraine nicht nur ein böses Erwachen über die Abhängigkeit ihrer wachstumshungrigen Volkswirtschaften von Energieimporten, Rohstoffen, Zulieferungen und Transportwegen, sondern auch über die Verwundbarkeit ihrer Gesellschaften und politischen Systeme. Die Länder des globalen Südens sehen sich nun aber mit der bangen Frage konfrontiert: Werden sich die Länder im Norden von der globalen Verflechtung abwenden, ihre Sicherheit in den Mittelpunkt stellen und sich abschotten?

Die hier skizzierten Entwicklungen waren angelegt und entfalteten sich bereits seit Jahren, als Russland im Februar 2022 die Ukraine angriff. Sie werfen eine Reihe grundlegender Fragen auf; der Krieg gegen die Ukraine hat dazu beigetragen, sie schneller und schärfer zu konturieren. Ihre Beantwortung wird über die künftige Gestaltung der internationalen Ordnung und die Lösung globaler Herausforderungen entscheiden.

- Welchen Weg wird *China* gehen? Wird es der Führung in Peking gelingen, die großen Herausforderungen, vor denen das Land steht, weiterhin mit den Mitteln autoritärer Politik zu bewältigen? Wird sich der Aufstieg der vergangenen Jahrzehnte mit dem wachsenden Anspruch verbinden lassen, global eine einflussreiche Rolle zu spielen, und wird das Land bereit sein, eine Rolle als verantwortliche internationale Ordnungsmacht zu spielen?

- Wie werden sich aufstrebende *Länder des Südens* künftig positionieren – insbesondere Indien, aber auch Länder wie Indonesien, Vietnam, Chile oder Ägypten? Wie können Nord und Süd weiterhin gemeinsam die Vorteile der Globalisierung nutzen – und zugleich Sicherheitsüberlegungen, Abhängigkeiten und strategische Verwundbarkeiten stärker in den Blick nehmen? Wird es Afrika, Asien und Lateinamerika, wird es uns gelingen, mit den jeweils sehr unterschiedlichen Folgen der demographischen Entwicklung umzugehen?

- Welchen Weg werden die *USA* wählen? Wird ihre Kraft zunehmend von inneren Konflikten und den Herausforderungen wachsender Verschuldung absorbiert sein? Werden sie, zumindest teilweise, zu einer Politik des Isolationismus zurückkehren, wie vor und nach dem Ersten Weltkrieg, und die Europäer sich weitgehend selbst überlassen, oder bleiben sie internationale Ordnungsmacht mit globalem Gestaltungsanspruch? Werden sie im künftig entscheidenden indopazifischen Raum die Auseinandersetzung mit China suchen, oder werden sie die Rivalität gestalten wollen?

- Wird die *internationale Staatengemeinschaft* politisch wie organisatorisch in der Lage sein, trotz aller politischen Differenzen gemeinsame Antworten auf die großen Herausforderungen unserer Zeit zu finden, insbesondere den Klimawandel? Werden weitere Staaten den Verlockungen autoritärer politischer Lösungen erliegen, und lässt sich ein weiterer Zerfall von Staatlichkeit mit seinen radikalisierenden und eskalierenden Konsequenzen aufhalten?

- Wird es den *Europäern*, deren weltpolitisch dominierende Rolle zu Ende gegangen ist, gelingen, so geschlossen aufzutreten, dass sie ein außen- und sicherheitspolitisch zur Selbstbehauptung fähiger Akteur werden? Welchen Beitrag zur weiteren europäischen Integration und zum Funktionieren der internationalen Zusammenarbeit werden die *Deutschen* leisten können und wollen? Werden wir die Herausforderungen der Dekarbonisierung bewältigen und gleichzeitig in der Lage sein, unseren Wohlstand zu bewahren? Und lassen sich unsere traditionellen Stärken auch künftig mobilisieren?

DER AUSGANG DES KRIEGES UND RUSSLANDS ZUKUNFT

EIN JAHR KRIEG GEGEN DIE UKRAINE

Den zuletzt skizzierten Fragen geht eine voran: Wie kann es gelingen, den Krieg Russlands so zu beenden, dass es der Ukraine möglich bleibt, ihre Souveränität, territoriale Integrität und Sicherheit zu behaupten? Unter welchen Voraussetzungen wäre Russland bereit, sich hierauf einzulassen? Wird Russland es schaffen, einen Weg an der Seite der anderen Europäer zu finden – will es das überhaupt –, und wird es uns gelingen, falls Moskau seine imperial-aggressiven Bestrebungen fortsetzt, diese einzuhegen?

Präsident Putin zeigte sich im russischen Fernsehen am 15. Januar 2023 äußerst zufrieden mit dem Kriegsverlauf: »Alles läuft nach dem Plan unseres Verteidigungsministeriums und des Militärs«, sagte er, »die Entwicklung ist erfreulich.« Den Überfall auf das Nachbarland nannte er beharrlich weiterhin eine »Spezialoperation«. Als er im Dezember 2022, offensichtlich aus Versehen, doch einmal von einem Krieg gesprochen hatte, war er sogleich wegen »Diskreditierung der Armee« angezeigt worden – von einem Petersburger Bürger, der zuvor für genau die gleiche Wortwahl mit eben jener Begründung zu einer Ordnungsstrafe verurteilt worden war. Von Ermittlungen gegen den russischen Präsidenten wurde nichts bekannt.

»Alles läuft nach Plan, die Entwicklung ist erfreulich.« Beharrlich sandte Wladimir Putin diese Botschaft aus. Das Gegenteil war offensichtlich der Fall. Im Januar hatte er gerade zum vierten Mal den Befehlshaber der Operation ausgewechselt; diesmal übertrug er die Verantwortung dem Generalstabschef der russischen Streitkräfte persönlich. Was im Februar 2022 als schnelle, siegreiche Operation zur Einnahme der ukrainischen Hauptstadt gedacht gewesen war und zum Austausch der dortigen Regierung und des Präsidenten hätte führen sollen, geriet für Russland zum Debakel. Zur Verteidigung ihres Landes entschlossene ukrainische Streitkräfte, die tapfer und ideenreich kämpften, zwangen den Gegner zum überhasteten Rückzug. Dieser gruppierte sich neu und konnte Gebiete im Osten des Landes erobern, nur um wesentliche Teile davon bereits im Sommer wieder zu verlieren. Am 11. November 2022 musste sogar Cherson aufgegeben werden, die Hauptstadt des gleichnamigen Gebietes, das Russland kurz zuvor, mit drei weiteren Regionen, annektiert hatte.

Putins Kriegsziel, die Ukraine »zu demilitarisieren, zu neutralisieren und zu entnazifizieren«, war in ebensolche Ferne gerückt wie sein weiter gestecktes, eigentliches Ziel: Russlands internationale Position zu stärken, indem er den Westen zwang, sich selbst zu schwächen. Im Dezember 2021 hatte er die USA und die NATO mit drei ultimativen Forderungen konfrontiert: Das transatlantische Bündnis sollte sich verpflichten, sich erstens – entgegen den Verabredungen Russlands und der NATO aus dem Jahr 1997 – auf dem Gebiet der ostmitteleuropäischen Mitgliedstaaten militärisch selbst zu entblößen, und es sollte zweitens keine weiteren Mitglieder aufnehmen; die dritte Forderung lief darauf hinaus, dass die USA ihren nuklearen Schutzschirm über dem Westen Europas zurückziehen sollten – Herzstück der europäischen Sicherheit seit Jahrzehnten.

Da er keines seiner Ziele erreichte, eskalierte Putin seinen

Krieg auf brutale Weise. Um den Widerstandsgeist der Ukrainerinnen und Ukrainer zu brechen, überzog er ihr Land noch stärker mit Raketen- und Drohnenangriffen und ließ rücksichtslos zivile Ziele und Infrastruktur bombardieren; in eroberten Gebieten wurde die Zivilbevölkerung auf schreckliche Weise terrorisiert. Ein Zusammenbruch der Energieversorgung, so das russische Kalkül, würde die Menschen, im Winter ohne Strom und Heizung, in die Knie zwingen, die ständige Bedrohung aus der Luft sie demoralisieren. Doch auch diese Rechnung ging nicht auf.

Wie Wladimir Putin sich insgesamt massiv verkalkuliert hatte. Seiner Entscheidung, in den Krieg zu ziehen, lagen offensichtlich falsche Annahmen über die Wirklichkeit zu Grunde: über die Leistungsfähigkeit seiner eigenen Streitkräfte, über das militärische Potenzial der ukrainischen, über die Einstellung der Menschen im Nachbarland, die eben nicht zwangsbeglückt werden wollten, und über die Reaktion der internationalen Staatengemeinschaft. Wenn Analysten, im Westen wie in Russland, sich vor Kriegsbeginn in einem Punkt geirrt hatten, dann in der Bereitschaft und Fähigkeit des russischen Präsidenten, nicht nur der Ukraine, sondern auch seinem eigenen Land, dessen Wirtschaft und geostrategischen Interessen zu schaden – und am Ende möglicherweise seine eigene Macht zu riskieren.

Nur fünf Tage vor Kriegsbeginn sagte Präsident Selenskyj auf der Münchner Sicherheitskonferenz, ja, das Risiko sei sehr hoch, aber: »Wir kennen diesen Spannungszustand schon seit Jahren, und wir denken nicht, dass es jetzt Zeit ist, panisch zu werden.« Es habe schädigende Auswirkungen auf die Wirtschaft, das Geschäftsklima und die Währung, wenn zu viel gewarnt werde, wie die amerikanischen Geheimdienste dies in jenen Tagen taten. Erst wenige Stunden vor dem russischen

Angriff wurde in der Ukraine der Ausnahmezustand erklärt, erst am 24. Februar selbst ordnete der Präsident die allgemeine Mobilmachung an.

Das Zusammentreffen zweier Faktoren mag erklären, warum Wladimir Putin zu seiner desaströsen Fehleinschätzung der Wirklichkeit kam und den Krieg begann: Hier hatte sich ein Alleinherrscher, der in den Verschwörungskategorien eines sowjetischen Geheimdienstoffiziers denkt, ein Führungssystem geschaffen, in dem offenkundig auch seine wichtigsten Berater ihn so sehr fürchteten, dass sie ihm im Zweifel nicht die Wahrheit sagten, sondern Dinge, von denen sie glaubten, dass er sie gerne hören würde.

Im Ergebnis des von ihm ausgelösten und zu verantwortenden Debakels kam bald ein weiteres Kriegsziel hinzu: der Erhalt seiner Macht. Wer seinem Land so viel abverlangt, so weitreichende Ziele ausgibt und Forderungen erhebt, der darf nicht mit einem schlechten Ergebnis nach Hause kommen. Also wurden Waffen aus dem Iran und wohl auch Nordkorea beschafft, 300.000 Zivilisten einberufen und auch Hilfstruppen wie die berüchtigten Wagner-Verbände an die Front geschickt. In Gefängnissen durften die Wagner-Leute selbst verurteilte Mörder anwerben, gegen die Zusage von Straffreiheit nach einem halben Jahr Einsatz. Der Präsident ordnete schließlich an, die Stärke der russischen Armee um 50 Prozent auf 1,5 Millionen Soldaten zu erhöhen – kein leichtes Unterfangen angesichts rückläufiger Geburtenzahlen und einer Kriegssituation, die es wenig attraktiv erscheinen lässt, sich als Freiwilliger zu melden.

Der ehemalige polnische Außenminister Adam Daniel Rotfeld, der sich als Wissenschaftler sein Leben lang mit Russland beschäftigt hat, kam zu dem Schluss: »Ironischerweise könnte man Putins Politik als die Entscheidungen eines ›Strategen‹

bezeichnen, der den Westen einte, eine neue Grundlage für die politische Identität des ukrainischen Volkes schuf und den Zerfall der von Russland geführten Gemeinschaft Unabhängiger Staaten einleitete. Außerdem ist nicht auszuschließen, dass die Russländische Föderation durch Putins Entscheidungen das Schicksal der Sowjetunion teilen wird.«

DIE AUSWIRKUNGEN DER SANKTIONEN

Auf die Sanktionen des Westens, unter anderem ein Verbot des Imports von Öl und Kohle aus Russland, reagierte Wladimir Putin mit der Einstellung russischer Gaslieferungen nach Europa. Diese gegenseitigen Sanktionen haben weitreichende Folgen für uns, vor allem aber treffen sie Russlands Wirtschaft schwer, sie lassen zunehmend auch die Basis der politischen Herrschaft erodieren. Neben Propaganda und Repression gilt die Möglichkeit, sich durch eine großzügige Ausgabenpolitik jederzeit Zustimmung bei der Bevölkerung kaufen zu können, als das dritte entscheidende Instrument autokratischer Herrschaft. In dieser Hinsicht habe Putin kein Problem, meinten Beobachter im Westen und verwiesen auf steigende Einnahmen Russlands, die im Jahr 2022 den teilweise explodierenden Energiepreisen zu verdanken waren.

Doch der Effekt war kurzfristig: Nach enormen Preisanstiegen lag der Gaspreis Anfang März 2023 auf dem niedrigsten Stand seit 19 Monaten, der Preis für russisches Öl war noch stärker gefallen, es kostete deutlich weniger als andere internationale Ölsorten, deren Preis ebenfalls auf einen Stand vor Kriegsbeginn zurückging. Die von der russischen Regierung daraufhin verfügte Drosselung der Produktion beider Energieträger führte zu keinem Anstieg der Preise, erst ein Mitziehen

Saudi-Arabiens erzielte diesen Effekt. Zugleich gingen die exportierten Mengen zurück, nach Angaben der russischen Regierung brach der Export von Pipelinegas 2022 um 30 Prozent ein.

Entgegen Putins Hoffnungen (und unseren eigenen Vermutungen) gelang es selbst dem von russischen Energielieferungen so abhängigen Deutschland, sich neu auszurichten. Diese Umstellung wird uns dauerhaft vor Herausforderungen stellen, bereits im kommenden Winter könnten Knappheiten auf dem Flüssiggas-Markt und ein erneuter Aufschwung der chinesischen Wirtschaft die Preise auf den internationalen Energiemärkten wieder in die Höhe treiben. Doch weder kam es 2022/23 zu einer Energiekrise noch zu einem von manchen befürchteten »Wut-Winter«. Putins Kalkül, der Westen werde angesichts steigender Energiepreise, wirtschaftlicher Probleme und sozialer Unruhen nachgeben, ging nicht auf.

Mit den Sanktionen des Westens und Putins Verbot des Gasexportes in »unfreundliche Länder« war die Achillesferse eines Systems getroffen, das sich in übergroßem Maße vom Export von Rohstoffen abhängig gemacht hatte. Fossile Energieträger machten zu Kriegsbeginn zwei Drittel der russischen Exporte aus, mehr als die Hälfte seiner Einnahmen erwirtschaftete der russische Staat auf diese Weise. Der Krieg erwies sich, je länger er dauerte, als umso teurer.

Für 2022 wurden die Militärausgaben Russlands nachträglich um ein Drittel angehoben, im laufenden Jahr sollen es noch einmal gut 43 Prozent mehr sein. Fast ein Drittel des Haushalts für 2023 ist für Ausgaben des Sicherheitsbereiches vorgesehen – Kriegführung, Geheimdienste, Polizei. Zugleich wird ein Viertel aller geplanten Ausgaben, eine Rekordsumme, als geheim eingestuft. Hierbei handelt es sich erfahrungsgemäß ebenfalls um Ausgaben, die direkt oder indirekt dem Sicherheitsbereich zugutekommen, sprich der Kriegführung. Gleichzeitig blieb der Gesamtumfang der geplanten Ausgaben im Wesentlichen unverändert – angesichts einer Inflation von knapp 12 Prozent im Jahr 2022 und erwarteter weiterer Inflation ein realer Rückgang. Militärausgaben sind vor solchen Effekten geschützt. Kürzungen werden also in anderen Bereichen vorgenommen werden müssen – eine enorme Herausforderung angesichts der Aufgabe, die Lage im Land stabil und die Bevölkerung bei Laune zu halten, auch im Hinblick auf die 2024 anstehenden Präsidentschaftswahlen.

Im Januar 2023 waren die Einnahmen des russischen Staatshaushalts im Vergleich zum Vorjahresmonat bereits um 35 Prozent zurückgegangen, die Ausgaben hingegen um fast 60 Prozent gestiegen. Anfang März 2023 teilte das russische Finanzministerium mit, dass das Haushaltsdefizit für die Monate Januar und Februar bereits fast 90 Prozent des für das Gesamtjahr eingeplanten betrage.

Auf rund die Hälfte seiner Devisenreserven, die zu Kriegsbeginn 600 Milliarden US-Dollar betrugen, hatte der russische Staat aufgrund der Sanktionen keinen Zugriff mehr, sie lagen im Ausland. Am 29. März räumte schließlich auch der Präsident selbst während einer im Fernsehen übertragenen Sitzung der Regierung ein, »die gegen die russische Wirtschaft verhängten Sanktionen könnten sich mittelfristig wirklich negativ auf sie auswirken«.

Für die Finanzierung des Staatshaushaltes entscheidend blieben die Einnahmen aus dem Export von Öl und Gas. Alexej Miller, der Vorstandsvorsitzende von Gazprom, nannte Ende des Jahres Zahlen: 67,3 Milliarden Euro habe sein Unternehmen 2022 an den Fiskus abführen müssen, hereingeholt durch höhere Steuern, eine Sonderdividende und höhere Abgaben auf die Exporte. Zugleich sei die Gasproduktion 2022 um fast 20 Prozent zurückgegangen.

Vor Kriegsbeginn waren etwa 65 Prozent der russischen Gasexporte und 55 Prozent der russischen Ölexporte für Westeuropa bestimmt gewesen, so Fatih Birol, der Chef der Internationalen Energieagentur. Diese Kunden durch andere zu ersetzen, werde schwierig werden, schließlich stamme das russische Gas zu einem großen Teil aus Westsibirien und sei über Pipelines nach Europa geflossen. Die Vorstellung, dies lasse sich kurzfristig ändern, nannte Birol »ein Hirngespinst«. Neue Pipelines nach China oder Indien zu bauen, könne bis zu zehn Jahren dauern, bedeute einen erheblichen Aufwand an Technologie und mache gewaltige Investitionen erforderlich. »Sie verkaufen keine Zwiebeln auf dem Markt, sondern Erdgas. Das ist ein ganz anderes Geschäft.«

Der Rückgang des russischen Bruttoinlandsprodukts lag 2022 nach offiziellen Angaben bei 2,1 Prozent. Für das laufende Jahr verwies die Zentralbank auf die außergewöhnlichen Umstände, die eine Prognose erschwerten, und nannte ein Minus zwischen 4 und 1 Prozent denkbar. Angaben zum Bruttoinlandsprodukt besitzen zu Kriegszeiten nur begrenzte Aussagekraft. Interessanter sind dann andere Indikatoren: Der private Konsum ging 2022 ebenso zurück wie der Wasserverbrauch. Wasser wird in großem Umfang in der Industrie und bei der Produktion von Öl benötigt.

Insgesamt schien die russische Wirtschaft sich im Krisenmodus dennoch gut zu behaupten. Russlands Handelsbilanz wies einen Rekordüberschuss auf: Die Importe schrumpften, und die Exporte stiegen sprunghaft an. Ursächlich hierfür waren jene extrem hohen Preise für Öl und Gas, die vorübergehend üppige Einnahmen in die russische Staatskasse spülten.

Der Anteil des Austauschs mit »freundlichen« Ländern wie China und Indien am russischen Außenhandel stieg von 42 Prozent auf 65 Prozent an. Einen wesentlichen Anteil hieran hatte der Export von Energieträgern. Doch dem sind zum einen Grenzen bei der Infrastruktur gesetzt, zum anderen sind die neuen Kunden aufgrund der russischen Zwangslage bei Verhandlungen in einer komfortablen Situation. Die Bereitschaft, Freundschaftspreise zur Kriegsfinanzierung zu gewähren, dürfte weder in China noch in Indien bestehen.

Im Dezember 2022 meldete das türkische Statistikamt, dass der Umfang der Exporte nach Russland im Jahresvergleich um 122 Prozent zugenommen habe. Dies dürfte wesentlich auf die russischen Bemühungen zurückzuführen sein, sich dringend benötigte Güter aus dem Westen, die nicht mehr direkt bezogen werden konnten, auf Umwegen zu beschaffen. Selbst im Rüstungssektor ist Russland auf westliche Technologie angewiesen. Eine wichtige Rolle spielten bei der Beschaffung auch Länder wie Kasachstan, Kirgistan und Armenien, Partner Russlands in der »Eurasischen Wirtschaftsunion«. 2021 hatte Kasachstan Halbleiter im Wert von 12.000 US-Dollar nach Russland exportiert, 2022 waren dies 3,7 Millionen US-Dollar. Auffällig war auch der sprunghaft gestiegene Export von Haushaltsgeräten wie Kühlschränken und Geschirrspülern aus diesen Staaten in das nördliche Nachbarland; die russische Rüstungsindustrie konnte diese zerlegen und die verbauten Halbleiter für ihre Zwecke nutzen. Armenien, ein Land mit einer besonders niedrigen Geburtenrate, importierte plötzlich große Mengen von elektrischen Muttermilchpumpen aus dem Westen. Die EU kam mit Regelungen, die eine Umgehung der Sanktionen so schwierig wie möglich machen sollten, kaum hinterher.

Das Fehlen westlicher Technologie, insbesondere von Halbleitern und IT-Hardware, traf viele Bereiche der russischen Wirtschaft. »Grauimporte« wurden ausdrücklich legalisiert, die Fluggesellschaften erhielten die Genehmigung, funktionstüchtige Flugzeuge auszuschlachten und mit deren Teilen andere zu warten. Die Autos vom Typ »Lada«, die noch produziert werden, haben oft keine Airbags, keine elektronische Lenkunterstützung und kein ABS – dafür völlig veraltete Verbrennermotoren. Zu den erfolgreichsten Wirtschaftssektoren gehörte die Landwirtschaft, auch dank ungewöhnlich günstigen Witterungsbedingungen im ersten Kriegsjahr. Doch auch sie ist auf Maschinen, Ersatzteile und Mikrochips angewiesen.

Die russische Industrieproduktion ging lediglich minimal zurück. Auch dies dürfte wesentlich auf den Krieg zurückzuführen sein – die Streitkräfte hatten einen enormen Bedarf an Munition, Uniformen, Ausrüstungsgegenständen und vor allem Waffen jeglicher Art. Putin führte sein Land in eine Kriegswirtschaft. Dafür wurde ein Koordinierungsrat unter Vorsitz des Ministerpräsidenten geschaffen. Es steht zu erwarten, dass der Staat in noch größerem Umfang dirigistisch und planwirtschaftlich eingreifen und seinen Anteil an der Wirtschaft noch weiter erhöhen wird; bereits jetzt liegt er bei 56 Prozent.

Stolz verkündete der Präsident in seiner jährlichen Ansprache an die Nation (Poslanie) vom 21. Februar 2023, dass die »Arbeitslosenquote auf einen historischen Tiefstand von 3,7 Prozent gesunken« sei. Nicht wirklich eine gute Nachricht, nicht einmal eine aussagekräftige Zahl. »Der Arbeitskräftemangel nimmt in vielen Branchen aufgrund der Auswirkung der Teilmobilmachung zu«, hielt die Zentralbank trocken fest. In den letzten Jahren hatte die demographische Entwicklung bereits zu einem angespannten Arbeitsmarkt geführt, die Mobilmachung und die Flucht Hunderttausender ins Ausland verstärkten den Fachkräftemangel. Die russische Statistikbehörde wies darauf hin, dass es neben der offiziellen Arbeitslosenrate eine »Schattenarbeitslosigkeit« von mindestens 4,7 Millionen Menschen gebe. Beide zusammengerechnet, dürften etwa 10 Prozent der arbeitsfähigen Bevölkerung ohne Beschäftigung sein.

Ein großes Problem für die russische Wirtschaft ist der Auszug der mehr als eintausend westlichen Firmen, die 2022 das Land verließen oder ihren Weggang ankündigten. Sie hatten etwa 40 Prozent des russischen Wohlstands erwirtschaftet. Russland werde auf lange Zeit »uninvestierbar« bleiben, so der Tenor unter führenden westlichen Unternehmen. Wie gering das Vertrauen auch russischer Investoren war, zu Kriegszeiten Geld in die eigene Volkswirtschaft zu stecken, illustrierte ein patriotischer Appell Putins in seiner Poslanie: Russische Unternehmer, die im Lande investierten, würden sich »die Anerkennung und Dankbarkeit der Menschen kommender Generationen verdienen«. Er kündigte an, dass man dem Wirtschaftsstrafrecht seine Schärfen nehmen werde – mit anderen Worten: Man werde in Zukunft nicht so genau hinschauen. Da sich die Führung wohl nicht sicher war, wie es um die Wirkung der Anreize und wohl auch um die patriotische Gesinnung bestellt war, wurden Pläne für eine »einmalige Zuwendung« mittlerer und großer Unternehmen an den Staat entworfen.

Vor allem der Aufgabe, bisherige Einfuhren durch eigene Produkte zu ersetzen, misst Putin offensichtlich großes Gewicht bei. Bereits im Juli 2022 wurde Katerina Tichonowa Ko-Vorsitzende des »Koordinierungsrates für Importsubstitution« des russischen Unternehmerverbandes. Sie ist Wladimir Putins jüngere Tochter. Aber was zuvor schon in Jahrzehnten trotz wiederholter Anläufe nicht gelungen war – die russische Wirtschaft zu modernisieren und eigenständig wichtige Güter für eine zukunftsfähige Wirtschaft zu produzieren –, dürfte sich zu Kriegszeiten als noch schwieriger erweisen.

Nicht allein im Handelsbereich muss Russland erhebliche Rückschläge hinnehmen, es ist auch von internationaler Finanzierung und vor allem von Innovation abgeschnitten – und wird es bleiben. Die Beispiele anderer Länder, die einen erzwungenen oder sich selbst auferlegten Weg wirtschaftlicher Beschränkung und Autarkie gegangen sind, sind nicht eben ermutigend: Venezuela und Kuba, Iran und Nordkorea. Die russische Wirtschaft würde nicht zusammenbrechen, doch sie ging düsteren Zeiten entgegen.

Der bekannte russische Ökonom und Soziologe Wladislaw Inosemzew, einst Wirtschaftsberater von Präsident Medwedew, kommt zu dem Schluss, dass »der jüngste Bruch zwischen dem Westen und Russland nicht als Störung der Globalisierung angesehen werden [kann] – es handelt sich lediglich um den Schritt einer Nation, die sich freiwillig aus der Weltwirtschaft zurückgezogen hat«. Er sieht den »einzigartigen Fall einer europäischen Nation, die sich gegen die europäische Ordnung auflehnt und mit Ländern an der Peripherie Bündnisse gegen den Westen sucht. Russland hat bewiesen, dass es nicht in der Lage ist, sich selbst zu entwickeln, und hat sich für einen radikalen ›Nicht-Entwicklungsweg‹ entschieden.« Es sei zu einem »nichtzeitgemäßen Land« geworden.

DAS RAUNEN VON DER NUKLEAREN GEFAHR

Russlands Machthaber hat sich in mehrfacher Hinsicht verkalkuliert und ist Risiken eingegangen, die sich gegen ihn zu wenden drohen. Wird ihn dies zum Einlenken bewegen? Einstweilen wohl nicht. Noch sind Reserven da, um das Land mit finanziellen Mitteln gegen den Niedergang zu wappnen, und die Menschen sind weiterhin bereit, Einschränkungen hinzunehmen, schließlich sagt ihnen die Propaganda täglich, dass Russland bedroht sei. Wladimir Putin wird sich jedem Nachgeben verweigern, solange er sich an der Macht halten kann und nicht dramatische Rückschläge ihn zu neuer Abwägung zwingen. Verluste, Opfer und Leid spielen in seinem Denken genauso wenig eine entscheidende Rolle wie wirtschaftliche Schäden. Man wird sich schon irgendwie einrichten, schließlich geht es in diesem Ringen um Größeres: um Russlands Macht und Ansehen, seine Stärke und Zukunft, ja seine Existenz. Er war aufgebrochen, Russlands Mission zu vollenden, und darf jetzt nicht als derjenige in die Geschichtsbücher eingehen, der es in die Niederlage geführt hat.

Über die Jahre ist es Putin gelungen, eine unumschränkte Machtposition aufzubauen. Die Superreichen hatte er mit demonstrativen und teils drastischen Maßnahmen frühzeitig in die Schranken gewiesen. Michail Chodorkowski musste für zehn Jahre in ein Straflager. Wer seine zusammengeklaubten Reichtümer behalten wollte, war gut beraten, sich strikt loyal zu verhalten. Waren sie einst zu Recht als »Oligarchen« bezeichnet worden, so bestimmten sie nicht länger als »Gruppe der Wenigen« das Geschick des Landes, dies tat einer allein. Die Geheimdienste waren Putin ohnehin in Treue verbunden – er war einer der ihren –, und dem Militär hatte er zu neuem Ansehen verholfen. Die neuartigen Wunderwaffen, die er in Aussicht stellte, schienen auch ihn selbst zu faszinieren. In seiner Poslanie von 2018 kündigte er ein ganzes Arsenal an, während im Hintergrund Bildsequenzen wie aus Videospielen liefen: neue Systeme, deren »Flugweite nahezu unbegrenzt ist«, unbemannte Luftfahrzeuge, die »geräuscharm, wendig und für den Feind praktisch unverwundbar« seien, und Hyperschallwaffen: »Sie gehen wie ein Meteorit zum Ziel, wie ein brennender Ball, wie ein Feuerball«.

Während viel Geld in die Modernisierung der Nuklearstreitkräfte, die Entwicklung hyperschneller Waffen oder den Ausbau der Cyberfähigkeiten floss, waren die konventionellen Fähigkeiten der russischen Streitkräfte eher nachrangig behandelt worden. Aber gerade sie wurden in dem Krieg, den Putin dann zu führen beschloss, dringend benötigt. Er wird ähnlich gedacht haben wie Militärstrategen und Analysten im Westen: Herkömmliche Kriege mit Infanterie, Artillerie und Panzern werden wohl nicht mehr geführt, ausbauen muss man hingegen die großen, weitreichenden, zielgenauen und sehr teuren Waffensysteme. Die Quittung hierfür gab es ab dem 24. Februar 2022.

Oft wird die Frage gestellt, ob wir ausschließen können, dass Wladimir Putin wegen der offensichtlichen Schwächen seiner Armee auf dem Schlachtfeld zu anderen Waffen greifen, dass er einen Nuklearschlag führen wird. Nein, auszuschließen ist das nicht. Doch es gibt Fakten, mit denen sich Wahrscheinlichkeiten bestimmen lassen. Hierzu gehört zum einen die russische Nukleardoktrin, die ausdrücklich vorsieht, dass Russland solche Waffen einsetzen darf, um einen Konflikt zu seinen Gunsten zu entscheiden. Versetzt man sich in die Logik des Präsidenten, wäre bereits der März 2022 ein geeigneter Zeitpunkt hierfür gewesen – die Armee erreichte nicht die ihr gesetzten Ziele, ja musste sich sogar zurückziehen. Dies wäre möglicherweise der Moment gewesen, einen »Hiroshima-Effekt« zu erzielen und die Ukraine zum Aufgeben zu zwingen. Jedes Mal, wenn aus Moskau raunende Worte kamen, der Westen riskiere die Gefahr einer nuklearen Auseinandersetzung – direkt gedroht wurde nicht, schuld müssen die anderen sein –, eskalierte die russische Führung die konventionelle Kriegführung. So im Herbst 2022, als die Mobilisierung angeordnet und die Bombardierung der Ukraine verschärft wurde – unter Heraufbeschwörung nuklearer Gefahren.

Wladimir Putin ist auch kein »Major Kong«: Der kriegswütige Offizier aus dem grandiosen Film von Stanley Kubrick »Doktor Seltsam oder: Wie ich lernte, die Bombe zu lieben«

öffnet den Bombenschacht per Hand und rast, seinen Cowboyhut schwenkend, auf einer Wasserstoffbombe sitzend auf das Ziel zu. Russlands Präsident handelt nicht irrational, er denkt und handelt lediglich in einer anderen Logik als wir. Und in dieser Logik würde er die von ihm ersehnte Macht und Größe Russlands aufs Spiel setzen, ließe er sich auf eine nukleare Konfrontation ein. Auch einer direkten konventionellen Auseinandersetzung mit der NATO wird er aus dem Wege gehen wollen, nachdem es den russischen Streitkräften nicht einmal gelungen ist, die Ukraine niederzuringen. Obwohl die russische Führung immer wieder gern die Gefahr einer solchen Konfrontation an die Wand malt, weiß sie doch, in welch schwacher Position das Land sich in einem solchen Konflikt befinden würde. Die führenden Vertreter der NATO haben ihrerseits wiederholt und in großer Klarheit deutlich gemacht, dass sie alles tun werden, eine solche Entwicklung, so es irgend geht, zu verhindern.

Dennoch könnte Wladimir Putin an einem bestimmten Punkt zu dem Schluss kommen, dass es seinen Zwecken dient, zwar nicht gegen die NATO, so doch gegen die Ukraine nuklear vorzugehen. Beispielsweise in einer Situation, in der die Rückeroberung der Krim durch die ukrainischen Streitkräfte drohen sollte. Eine solche Entwicklung könnte aus seiner Sicht auch den Einsatz stärkster Waffen rechtfertigen, wäre dadurch doch die geostrategische Position Russlands im Schwarzen Meer bis hinüber ins Mittelmeer erheblich geschwächt. Und was die Zugehörigkeit der Krim zu Russland betrifft, so weiß Putin sich mit seinem Volk einig. Das könnte sein Kalkül zusätzlich bestimmen, zumal wenn sich abzeichnen sollte, dass er die Unterstützung im Lande zu verlieren droht. Die Ukraine hat die Rückgewinnung der Krim ausdrücklich zu einem ihrer Ziele erklärt.

Würden ukrainische Truppen nicht auf die Krim selbst

vorstoßen, sondern durch Rückeroberung eines Küstenstreifens lediglich die Landverbindung mit Russland abschneiden, ergäbe sich eine andere Lage. Moskau wäre in einer sehr schwierigen Situation, zumal die neue Brücke hinüber zur Krim für Anschläge anfällig ist und die Versorgung der Halbinsel ausschließlich über den Seeweg erhebliche Probleme mit sich bringen würde. Putin müsste sehr genau abwägen. Nicht nur die USA haben Russland vor einer nuklearen Eskalation gewarnt. Auch China und Indien, Staaten, die es aus unterschiedlichen Gründen vorgezogen haben, sich zum Kriegsgeschehen nach Möglichkeit nicht zu klar zu positionieren, haben keinen Zweifel daran gelassen, dass hier eine rote Linie überschritten wäre.

Das beständige russische Raunen von der Gefahr eines nuklearen Krieges dient ganz wesentlich dem Ziel, uns Angst zu machen. Neben Öl, Gas und Waffen exportiere sein Land vor allem Angst, urteilte der russische Militärexperte Alexander Golts. Dies ist Teil der russischen Kriegführung. Einen Eindruck dieser Strategie vermitteln die immer schrilleren Drohungen Dmitri Medwedews, Putins zwischenzeitlich abgehalftertem Vorgänger. Zuletzt drohte er, den Internationalen Strafgerichtshof mit einer Hyperschallrakete anzugreifen: Die Richter in Den Haag sollten den Himmel genau beobachten! Deutschland wurde von Russlands Ex-Präsident gleich mitgewarnt: Sollte die Bundesregierung Wladimir Putin in Befolgung des internationalen Haftbefehls, den der Gerichtshof gegen den Präsidenten erlassen hatte, festnehmen, werde Russland Raketen auf den Bundestag und das Kanzleramt abfeuern. Der Vorsitzende der Versammlung der 123 Vertragsstaaten des Gerichtshofes reagierte in schönster Diplomatensprache: Man bedauere »Versuche, die internationalen Bemühungen um eine strafrechtliche Haftung für Handlungen, die nach allgemeinem Völkerrecht verboten sind, zu behindern«. Putin sei es wichtig, merkte der russische Schriftsteller Victor Jerofejew – einer der vielen, die ihr Land verlassen haben – unlängst an, »dass ganz Europa Russland respektiert und vor Angst zittert, damit seine Großmacht voller Verachtung auf Europa herabsehen kann«.

Dass die Angstfalle funktioniert, zeigte das »Manifest für Frieden«, das im Februar 2023 von Alice Schwarzer und Sahra Wagenknecht veröffentlicht wurde. Die Ukraine »kann gegen die größte Atommacht der Welt keinen Krieg gewinnen«, hieß es dort. Das zeugt von einem historisch kurzen Gedächtnis: Die Atommacht Sowjetunion hat einen Krieg gegen die Taliban in Afghanistan verloren, die Atommacht USA jenen in Vietnam. Nach einem blutigen Krieg zwangen die nach Unabhängigkeit strebenden Tschetschenen 1996 die russische Armee zum Abzug aus der Kaukasusrepublik. Die strittigen politischen Fragen blieben ungeklärt, drei Jahre später griff Russland erneut an und zwang die Separatisten im Zweiten Tschetschenienkrieg in die Knie. Eine Lehre auch für eine Beendigung des russischen Krieges gegen die Ukraine: Der Frieden muss robust sein, wenn er halten soll.

Die Argumentation des »Manifests« verkannte die Natur der nuklearen Abschreckung, deren wesentlicher Sinn darin besteht, Kriege zu verhindern. Eine von Russland mitgetragene Resolution des Sicherheitsrates der Vereinten Nationen hatte dies einen Monat vor Beginn des Krieges gegen die Ukraine noch einmal festgehalten: »Ein Atomkrieg kann nicht gewonnen werden und darf nie geführt werden.« Noch einmal: Ausschließen können wir nichts, aber wir können in Wahrscheinlichkeiten denken und daraus Schlüsse ziehen.

WIE VIEL RÜCKHALT GENIESST PUTIN BEIM RUSSISCHEN VOLK?

Wie groß war die Unterstützung für Wladimir Putin vor dem Krieg, stand eine Mehrheit der Russen hinter ihm? Umfragen und Untersuchungen schienen zu belegen, dass er sich umfassenden Zuspruchs erfreuen konnte, und das dürfte der Wirklichkeit auch weitgehend entsprochen haben. Ihr Präsident hatte das Land in den Augen der Russen erfolgreich aus den wirtschaftlichen und sozialen Verwerfungen und vielen Ungewissheiten der Neunzigerjahre geführt. Große Zustimmung fand Putin, weil er nicht nur die Stärke Russlands verkörperte, sondern auch die Macht an sich – so gehört sich das in diesem uns mental in manchem fremden Land. Er besiegte die aufrührerischen Tschetschenen, nutzte politisches Ungeschick der georgischen Führung als Vorwand, dem Nachbarn Gebiete zu entreißen, und holte schließlich die Krim zurück, für die meisten Russen urrussisches Gebiet, Traumziel sowjetischer Sommerurlauber und Ort schöner Erinnerungen an Komsomolzen-Lager. Ganz nebenbei hatte es der russische Präsident auch noch dem Westen gezeigt: Dafür wird er, wenn auch nicht geliebt, so doch geachtet.

Vor allem verstand es Wladimir Putin mit großem Geschick und kräftig unterstützt von unablässig tätiger Propaganda, Russland im Laufe der Jahre zu einer Bastion »ewiger Werte« auszubauen: Bei uns, so die Botschaft, dürfen sich die Menschen, anders als in dem von Sittenverfall, Flüchtlingsströmen und Selbstaufgabe geprägten Westen, geborgen und sicher fühlen. Als er in seiner jüngsten Rede an die Nation auf dieses Thema zu sprechen kam, unterbrach ihn das sorgfältig ausgewählte Publikum, das mit mehr oder minder großer Aufmerksamkeit zuhörte und pflichtschuldig an den richtigen Stellen klatschte, mit spontanem Beifall. »Schauen Sie sich doch die Heilige Schrift an, die Hauptbücher aller anderen Weltreligionen. Da steht alles drin, auch, dass die Familie die Vereinigung von Mann und Frau ist …« – Applaus. »Aber selbst diese heiligen Texte werden jetzt infrage gestellt«, fuhr der Präsident fort. »Was soll man dazu sagen?« Er listete auf, was die Verantwortlichen im Westen ihren Völkern alles antun: »Die Zerstörung der Familie, der kulturellen und nationalen Identität, Perversion, Kindesmissbrauch, ja sogar Pädophilie werden zur Norm erklärt, zur Norm ihres Lebens, und Priester werden gezwungen, gleichgeschlechtliche Ehen zu segnen.« Doch Putin war sich sicher: »Millionen von Menschen im Westen sind sich bewusst, dass sie in eine echte geistige Katastrophe geführt werden. Die Eliten, um es ganz offen zu sagen, werden einfach verrückt, und es scheint kein Heilmittel zu geben. Aber das ist, wie gesagt, ihr Problem, wir haben die Pflicht, unsere Kinder zu schützen, das werden wir auch tun: unsere Kinder vor Degradierung und Entartung schützen.«

Um seiner Weltsicht Gewicht zu geben, schmückt Wladimir Putin seine Reden und Aufsätze gern mit Zitaten bekannter Denker. Zu ihnen zählt der russische Philosoph des 19. Jahrhunderts Wladimir Solowjow, dessen Werk von religiösem und endzeitlichem Denken bestimmt ist. Vielleicht sollte Putin auch diesen Satz Solowjows beherzigen: »Jede Nation hat das Recht, unabhängig zu leben und ihre Macht frei zu entfalten, vorausgesetzt, dass dabei die gleichen Rechte anderer Nationen nicht verletzt werden. In der Politik begründet die Forderung nach gleichen Rechten für alle Nationen eine gewisse höhere, moralische Idee, der der nationale Egoismus weichen muss.«

Wladimir Putin garantierte Stabilität und Ordnung – und eine Ruhe, die allerdings immer beklemmender wurde. In allen Bereichen bürgerlicher Freiheit – Meinungsäußerung, Presse,

Organisation, Versammlung – wurden die Schrauben noch einmal weiter angezogen, Russland beschritt den Weg vom autoritären Staat zur Diktatur. Der Staat begnügte sich nicht länger damit, dass die Bürgerinnen und Bürger die Gegebenheiten hinnahmen, nun wurde von jedem, der irgendein Amt bekleidete, von Staatsdienern wie Wissenschaftlern, die Bekundung von Loyalität verlangt. Wer anders dachte und dazu in der Lage war, verließ das Land. Zu Tausenden machten sich nicht nur kritische Journalisten und Intellektuelle, sondern auch Wissenschaftler, Ingenieure, Ärzte und IT-Experten auf den Weg über die Grenzen. Russland erlebte einen Aderlass, der wohl größer war als jener nach der Oktoberrevolution.

Die große Menge der Menschen in Russland nimmt die Entwicklung schweigend hin. Wer nicht aufmuckt, dem wird nichts geschehen, so die Hoffnung: »Wer gesenkten Hauptes geht, dem wird der Kopf nicht abgeschlagen.« Die meisten versuchen, sich dem System zu entziehen, und bleiben zugleich jedoch, in guter russischer Tradition, zutiefst misstrauisch gegenüber der »Wlast«, der Macht. ›Unpolitisch‹ ist eine von russischen Soziologen häufig verwendete Bezeichnung, wenn es darum geht, eine vorherrschende Mentalität der Menschen ihres Landes zu charakterisieren. »Was soll man da denken? Zar Alexander Nikolajewitsch denkt doch für uns, das hat er immer gemacht. Er kennt sich da besser aus«, antwortet in Tolstois »Anna Karenina« ein Bauer auf die Frage, was er vom Kriege halte und ob man für die Christen kämpfen solle. Die Macht darf tun, was sie für richtig hält, sie wird es besser wissen.

Aber sie soll sich bitte aus dem Leben der Menschen heraushalten, das beschwerlich genug ist in einem Land, das mehr und mehr in Stagnation verfiel, ohne bedeutende wirtschaftliche Entwicklung, mit beständigem Rückgang der real verfügbaren Einkommen und ohne wirkliche Zukunftsaussichten – es sei denn, man sähe in der ständig wiederholten Beschwörung einer glorreichen Vergangenheit eine Vision für das Morgen. Typischen Ausdruck fand das Verhältnis zur Macht während der Corona-Pandemie: Die Macht sagt, wir sollen uns alle impfen lassen? Das kann nur ein schlechter Vorschlag sein. Kaum ein anderes großes Land hatte solche Schwierigkeiten wie Russland, die Menschen zu bewegen, im Kampf gegen die Pandemie mitzuziehen. Am Ende musste mit Repressalien gedroht werden.

Mit der Mobilmachung im Herbst 2022 ging Putin erhebliche Risiken ein. Seine Erzählung bis dahin lautete, Russland müsse mit einer überschaubaren Operation russischsprachigen Menschen in der Ukraine zu Hilfe kommen, die dort von einem faschistischen Regime bedroht seien. Das mochten die meisten Russen hingenommen haben, die Führung werde schon recht haben, und sie selbst betraf es ja nicht. Nur wenige Mutige protestierten gegen den Krieg, drakonische Strafen hielten andere davon ab, es ihnen nachzutun.

Doch mit der Mobilmachung brach Putin den ungeschriebenen Gesellschaftsvertrag Russlands: Wir hier oben regieren, und ihr da unten mischt euch nicht ein, dafür versorgen wir euch und lassen euch im Wesentlichen in Ruhe. Mit der Einberufung von 300.000 Zivilisten aber trug Putin seinen Krieg zu den Menschen nach Hause und verlangte ihre Mitwirkung. Eine Welle von Protesten wogte durch das Land, getragen vor allem von Frauen, die ihre Männer, Brüder, Väter unvorbereitet, schlecht organisiert und schlecht ausgerüstet einem mörderischen Schicksal ausgesetzt sahen. Die Männer selbst stimmten mit den Füßen ab: Hunderttausende verließen innerhalb von Tagen Russland. Wladimir Putin wird seinem Volk beweisen müssen, dass die Opfer, die er ihm abverlangt, gerechtfertigt sind und zum Erfolg führen. Wie »Erfolg« am Ende definiert werden wird, liegt ganz in seiner Hand. Das kann die Voraussetzung für eine Lösung des Konfliktes schaffen.

Konsequenterweise wurde mit der Ausweitung des Krieges im eigenen Land ein neues Ziel der »Spezialoperation« verkündet: Es geht nicht länger um die Befreiung verfolgter Landsleute im Nachbarland, es geht jetzt ums Ganze – um die Verteidigung Russlands, das ein perfider Westen schwächen, zerstören und zerstückeln will. »Sie waren es, die den Krieg begonnen haben, und wir haben Gewalt angewendet und werden Gewalt anwenden, um ihn zu beenden« – so kehrte Putin in seiner Poslanie am 21. Februar 2023 den Gang der Dinge um. »Wir schützen das Leben der Menschen, unsere eigene Heimat.«

In einem autoritären System Stimmungen und Haltungen der Bevölkerung zuverlässig zu erfassen, ist ein schwieriges Unterfangen. Doch man geht wohl nicht zu weit, wenn man feststellt, dass die vermeintliche Unterstützung Putins im Wesentlichen auf eine fehlende Bereitschaft zum Widerspruch hinausläuft. »Ja, sie unterstützen ihn«, hat ein kenntnisreicher russischer Beobachter einmal gesagt. »Aber keiner würde für ihn auf die Straße gehen, sollte er straucheln.«

Solange die Macht einen in Ruhe lässt, darf sie auch Krieg führen, aber bitte nicht mit meiner Hilfe. Gut, wir können den Gürtel noch einmal enger schnallen. Doch an einem bestimmten Punkt kann die Stimmung kippen. »Der russische Bauer spannt lange an, aber dann fährt er schnell«, ist ein altes Sprichwort, das auch Putin geläufig sein wird. Er fürchtet das plötzliche Umschlagen der Stimmung im Land in Volkszorn, er fürchtet den scheinbar nichtigen Anlass, der einen Flächenbrand entzünden kann, den bislang unbekannten Anführer, der sich an die Spitze der Bewegung stellt. Das erklärt die ungeheure Repression in Russland, die Allgegenwart der Geheimdienste und die Bereitschaft, Probleme, statt sie zu lösen, mit großen Mengen Geldes wegzukaufen. Solange man über solches verfügt.

Besonders in Acht nehmen muss man sich vor der Stimmung in den großen Städten, wo eine jüngere Generation sich im Internet unabhängige Informationen zu beschaffen versteht und besser vergleichen kann. In Moskau, St. Petersburg oder Jekaterinburg konnte man sehen, wie sich die Regierung bemühte, die Laune der Menschen mit »Brot und Spielen« zu heben. Schon bald nach Kriegsbeginn stellte sich heraus, dass bezeichnenderweise vor allem Soldaten aus abgelegenen, eher ärmeren Regionen an jene Abschnitte der Front befohlen wurden, an denen die Wahrscheinlichkeit, getötet zu werden, besonders hoch war.

Nun, da er den Krieg ins ganze Land getragen hat und die wirtschaftliche und soziale Situation immer schwieriger wird, wird Wladimir Putin umso mehr darauf bedacht sein müssen, die Zustimmung des Volkes nicht zu verlieren. Mit örtlichen Protesten, sei es gegen Einberufungen oder gegen allgemeine Missstände, kann die Macht umgehen. Gefährlich wird es, sollten lokale Aktionen sich vernetzen und flächendeckend ausbreiten. Noch ist eine solche Situation nicht abzusehen. Aber im Iran, in dem jahrelang Menschen verfolgt und gefoltert wurden, reichte der Tod einer jungen Frau, das Land in Brand zu setzen.

Wir sollten damit vorsichtig sein, die schweigende Hinnahme eines Angriffskrieges durch die große Mehrheit in Russland vorschnell zu verurteilen, ohne die existenziellen Sorgen der Menschen, ihre Angst vor dem Verlust des kleinen Glücks, das sie sich aufgebaut haben, vor Repression, Haft und Lager mitzudenken. Konformismus und Resignation auf der einen, unreflektierte Begeisterung für großrussische Allmachtphantasien auf der anderen Seite: So erklärt sich die vermeintlich breite Zustimmung zu Putins Krieg. So »versinkt das Land in seiner eigenen moralischen Katastrophe«, hat die Osteuropa-Expertin Sabine Fischer das unausweichliche Dilemma Russlands auf den Punkt gebracht. Ob sie die Katastrophe sehen wollen oder nicht: Russinnen und Russen laden schreckliche Schuld auf sich.

PUTSCH GEGEN PUTIN? ZERFALL RUSSLANDS?

Die Frage, ob Putin ab einem bestimmten Punkt der Entwicklung mit Widerspruch aus der Führung oder auch mit einem Militärputsch rechnen muss, erinnert ein wenig an das, was man zu Zeiten des Kalten Krieges Kreml-Astrologie nannte. Die Erinnerung an die »Dekabristen«, Offiziere, die zu Beginn des 19. Jahrhunderts gegen die Herrschaft des Zaren rebellierten, ist in Russland lebendig und wird hochgehalten, aber ihr Aufstand scheiterte und liegt bald zweihundert Jahre zurück. Wären die Interessen von Männern an der Spitze des Landes – Frauen sind dort kaum vertreten – substanziell bedroht, ist ein Putschversuch allerdings nicht auszuschließen. Es wären keine Stauffenbergs, die zu dem Schluss kämen, der Mann an der Spitze müsse ausgetauscht werden, eher Personen, die im Grunde ähnlich autoritär und konfrontativ aufgestellt wären wie der gegenwärtige Präsident, die zwar nur wenig am aktuellen Kurs korrigieren würden, aber vielleicht bereit wären, den Krieg zu beenden.

Im Auge behalten muss Putin vor allem seine »rechte Flanke«. Dort wurden Kräfte stark, die noch nationalistischer aufgestellt sind als der Präsident. Besonders patriotisch gesinnte Militärblogger, von denen sich einige auf eine große Gefolgschaft stützen können, begannen schon früh, die schlechte Führung der »Spezialoperation« durch das Militär zu kritisieren. Erwartungsgemäß trat mit markigen Sprüchen auch Igor Girkin auf den Plan, seinerzeit verantwortlich für die Operation zur Annexion der Krim, dann »Verteidigungsminister« in der »Volksrepublik Lugansk« und von einem niederländischen Gericht zu lebenslanger Haft verurteilt wegen seiner Beteiligung am Abschuss einer malaysischen Passagiermaschine über der Ostukraine im September 2014, der 298 zivile Opfer forderte.

Eine weitere Figur aus dem Geheimdienstmilieu, die ins gleiche Horn stieß, ist Jewgenij Prigoschin, der Führer der Söldnertruppe Wagner. Ein Geschöpf Putins, erlangte er durch »erfolgreiches«, weil besonders grausames und rücksichtsloses Vorgehen seiner Soldateska in der Ukraine Gewicht im russischen Machtgefüge. War anfangs alles bestritten worden, was ihm und seinen Wagner-Formationen zur Last gelegt wurde, bekannte er sich schließlich ganz offen zu seiner führenden Rolle. Der Krieg werde schlecht und nicht entschlossen genug geführt, kritisierte er und nahm zunehmend auch die militärische Führung des Landes ins Visier.

Offensichtlich um Anerkennung bemüht, legte Prigoschin auch offen, was sonst strenger Geheimhaltung unterliegt: die hybride Kriegführung, mit der Moskau die westlichen Gesellschaften zu beeinflussen und zu zersetzen trachtet. Als Anfang November 2022 in den USA die »Midterm elections« durchgeführt wurden, brüstete er sich in den sozialen Medien mit dem Eingeständnis: »Wir haben uns eingemischt, wir mischen uns ein, und wir werden uns weiterhin einmischen. Sorgfältig, genau, chirurgisch und auf unsere eigene Weise, denn wir wissen, wie es geht.« Schon länger war vermutet worden, dass zu seinen »Unternehmen« auch eine Trollfabrik in Sankt Petersburg gehörte – im Februar 2023 bekannte er offenherzig: »Ich hatte die Idee, ich habe sie [die Fabrik] geschaffen.« Der italienische Geheimdienst kam im März 2023 zu dem Schluss, dass Prigoschins Leute in Libyen Teil des organisierten Schleusermilieus waren, das den Zustrom von Migranten nach Italien beförderte.

Hatte Jewgenij Prigoschin sich bei vergangenen Operationen, die er im Interesse der »Macht« durchführte, an Ort und Stelle finanzieren können – aus zurückeroberten Ölquellen in Syrien oder aus Rohstoffexporten in Zentralafrika –, so scheint er seinen Anteil an der Kriegführung in der Ukraine wohl über überhöhte Rechnungen zu finanzieren, die Unternehmen seines Firmengeflechts dem Staat stellen. Zugleich muss er vorsichtig bleiben, denn auch er muss fürchten, dass Putin in der Lage wäre, ihn auszuschalten. »Nummer eins hat gegen jeden ein Dossier in der Schublade«, ist eine gängige Einschätzung in Moskau. Aber die Machtbalance wurde durch den Krieg komplexer.

Es ist zu hoffen, dass in den Regierungszentralen und Außenministerien der westlichen Staaten Szenarien für den Fall vorliegen, dass die Macht in Moskau stürzt und um die Nachfolge ein erbitterter Kampf entbrennt. Ausgetragen würde dieser Kampf unter jenen Kräften, die Wladimir Putin heute unter Kontrolle hält: den Vertretern der Geheimdienste und des Militärs, finanzstarken Superreichen und Regionalfürsten. Dass Wirtschaftsliberale und Demokraten auf eine Entwicklung im Umbruch Einfluss nehmen könnten, wirkt einstweilen wenig wahrscheinlich: Sie sind durch Repression geschwächt und haben in großer Zahl das Land verlassen. Sich hinziehende Unordnung, ja selbst ein Zerfall des Landes ist nicht auszuschließen, ein Schicksal ähnlich jenem der Sowjetunion. Im Fernen Osten hat sich immer Unmut über die Fernsteuerung aus Moskau geregt, separatistische Bestrebungen im Kaukasus sind bloß unterdrückt, die rohstoffreiche, muslimische Teilrepublik Tatarstan würde ihren Wohlstand wohl gerne für sich behalten. Dass ihrem Oberhaupt ausgerechnet während des Krieges der hart erstrittene Titel »Präsident« entzogen wurde, war eine unkluge Demütigung durch Moskau.

AUF DER SUCHE NACH EINEM VERLÄSSLICHEN FRIEDEN

Wie unsere künftigen Beziehungen zu Russland aussehen, hängt natürlich wesentlich vom Ausgang des Krieges ab. Auch gesetzt den Fall, dass es der Ukraine gelingen sollte, ihre Souveränität und territoriale Integrität zu behaupten, wird es für uns keine Entwarnung geben. Es muss auf jeden Fall ein Zustand hergestellt werden, der gewährleistet, dass die russische Führung ihre aggressive Politik nicht nach einer Pause, in der sie ihre Kräfte erneuert, fortsetzt, sei es gegen die Ukraine, sei es gegen andere Staaten.

Zugeständnisse an Russland, die allein dem Zweck dienen würden, den Krieg zu beenden, würden nur neuen Unfrieden nach sich ziehen. Entsprechende Vereinbarungen, die man in Moskau akzeptiert, würden im Übrigen nicht nur Konzessionen der Ukraine, sondern Zusagen auch von uns verlangen, auf die wir uns nicht einlassen können, weil sie uns gegenüber Russland dauerhaft in eine Position der Schwäche bringen und uns von Moskaus Willen abhängig machen würden. Manche Vorschläge hierzulande, beispielsweise die Forderung, Waffenlieferungen an die Ukraine einzustellen, um Russland so zu Verhandlungen über einen Waffenstillstand zu bewegen, enthalten einen kardinalen Denkfehler. Sie argumentieren in unserer Logik und lassen außer Acht, dass es für Putin kein Ziel an sich ist, den Krieg zu beenden. In seinem imperialen, von nicht aufgearbeiteten Traumata geprägten Großmachtdenken geht es nicht um den Gewinn von einigen zehntausend Quadratkilometern Land im Donbas, sondern eben um Russlands Macht und Größe, um Einfluss und Stärke. Es geht darum, Überlegenheit zu demonstrieren und anderen seinen Willen aufzuzwingen. Nachgiebigkeit des Gegners betrachtet Putin als Erfolg seiner aggressiven Politik und als Ermutigung, fortzufahren. Wir dürfen uns auf keinen Lösungsansatz einlassen, in dessen Mittelpunkt unsere Sorge um uns selbst steht und bei dem Schicksal und Zukunft der Ukraine zur Nebensache werden. Dies würde auch weltweit ein fatales Signal aussenden: Die Anwendung von Gewalt ist legitim und lohnt sich, es zählt das Recht des Stärkeren und nicht die Stärke des Rechts.

Bleibt Russland konfrontativ ausgerichtet, sollten wir mit ihm entsprechend umgehen: Russland einhegen (»containment«), und es von weiterem Ausgreifen abhalten (»constrainment«). Unbedacht ist allerdings ein politischer Ansatz, der Russland bloß mit allen Mitteln zu Boden ringen will und sich keine Gedanken darüber macht, was danach sein wird. Wir können uns Russland nicht einfach von der Landkarte wegwünschen, es wird bleiben, und wir werden mit ihm leben müssen. Richtig ist, dass unsere Überlegungen zuvörderst der Frage gelten müssen, wie und mit welchen Garantien die Ukraine eine sichere Zukunft haben und wie der Aufbau des Landes gelingen kann. Doch wir müssen uns bereits jetzt Gedanken machen, wie der Krieg enden und wie es danach, auch mit Russland, weitergehen kann. Darüber müssen die westlichen Partner sich eng abstimmen. Die Vorstellungen dazu dürften durchaus auseinander liegen. Wir führen den Krieg nicht und haben daher auch keine Kriegsziele – aber eine Idee davon, wo wir hinwollen, sollten wir schon haben.

Dazu gehört auch, dass es in einer weiteren Sicht in unserem Interesse liegt, aus gefährlicher Konfrontation erneut zumindest geordnete Konfrontation zu machen, indem wir uns bemühen, zu festen Verabredungen in möglichst vielen Bereichen der Sicherheitspolitik zu kommen. Auch jenseits der Sicherheitspolitik gibt es eine Reihe elementarer Fragen, die global niemand allein lösen kann und bei denen es sinnvoll und hilfreich wäre, Russland mit an Bord zu haben, insbesondere in der internationalen Klimapolitik. Heute kategorisch auszuschließen, mit der jetzigen russischen Führung je wieder zu reden, verbaut Dialogkanäle, die man früher oder später vielleicht wird nutzen wollen. Die grundsätzliche Bereitschaft zum Gespräch ändert nichts am Urteil über die derzeitigen Moskauer Machthaber. Ein konstruktives, positives Verhältnis darüber hinaus wird mit ihnen kaum möglich sein.

Natürlich ist nicht auszuschließen, dass es Russland gelingt, seine Ziele zumindest teilweise durchzusetzen. Dann wäre mit einem weiteren, gegebenenfalls aggressiven Ausgreifen Moskaus zu rechnen, auf andere Gebiete des ehemaligen russischen Reiches, die nicht – wie die baltischen Staaten – den Schutz westlicher Bündnissysteme genießen oder die, wie Zentralasien, den Einflussinteressen Chinas unterliegen. Besonders gefährdet wären die Republik Moldau und Georgien, wo der Kreml bereits jetzt spürbar daran arbeitet, in seinem Sinne zu destabilisieren. Auch ein Land wie Armenien, das in einer ungelösten Auseinandersetzung mit Aserbaidschan in großem Maße auf russische Unterstützung angewiesen ist, könnte sich einem rabiaten Druck Moskaus nicht entziehen. Belarus ist bereits unter Kuratel des Kreml. Im Fall eines russischen Kriegserfolges dürfte Moskaus Appetit wachsen, das bislang immer noch unabhängige Land zu einem Teil der Russländischen Föderation zu machen.

Wie also kann ein dauerhafter, gerechter Frieden gelingen?

In der Annahme, dass die Ukraine weiter entschlossen bleibt, sich zur Wehr zu setzen, ist eine Lösung unter bestimmten Voraussetzungen vorstellbar:

- Wir stehen weiterhin fest an der Seite der Ukraine, wirtschaftlich und humanitär, mit der Lieferung von Waffen und der Bereitschaft, Flüchtlinge aufzunehmen, sodass es Russland nicht gelingt, sie zum Aufgeben zu zwingen.

- Die Lasten des Krieges erreichen für Russland einen Punkt, an dem sie politisch gefährlich werden. Ein solcher Kipppunkt wäre erreicht, wenn die verfügbaren Ressourcen nicht länger ausreichen, sich die Zustimmung der Bevölkerung zu erkaufen, deren Unmut wächst und in Kreisen der Führung die Angst um sich greift, Pfründe zu verlieren oder gar politisch nicht zu überleben; eine solche Entwicklung könnte beschleunigt werden durch Regionalfürsten, denen die Mittel ausgehen, sich vor Ort zuverlässig zu behaupten, oder auch durch rechtsnationale Kritik, welche die Führung schwach erscheinen lässt.

- Selbst der russische Präsident könnte sich an einem solchen Punkt verhandlungsbereit zeigen, sofern er darin eine Möglichkeit erkennt, zu Hause einen Sieg zu verkünden, die Macht zu behalten oder sie geordnet zu übergeben.

- In einer solchen Situation sollte ein politischer Rahmen zur Verfügung stehen, in den eine Friedenslösung eingebettet werden könnte und der geostrategische Anliegen Russlands in Rechnung stellt, ohne Konzessionen zu unseren oder zu Lasten der Ukraine zu machen.

Russland behauptet, vom Westen bedroht zu sein. Um dies zu untermauern, hat Putin immer wieder auf spezifische militärische Fähigkeiten des Westens verwiesen. Dies sind die Kategorien, in denen er denkt, auch wenn der Beitritt der baltischen Staaten oder Polens zur Europäischen Union oder zum Euro-Raum für Russland eine weit größere Herausforderung darstellt als eine überschaubare Präsenz von NATO-Soldaten an der russischen Westgrenze. Wir teilen Russlands Sicht nicht, müssen aber akzeptieren, dass Wahrnehmung, auch falsche oder bloß behauptete, politisches Handeln leitet. Hier können wir ansetzen.

Seit der Unterzeichnung des ABM-Vertrags zur Begrenzung strategischer Defensivwaffen (»Anti-Ballistic Missile«) durch die USA und die Sowjetunion vor fünfzig Jahren sind einige weitreichende Verabredungen über Rüstungskontrolle und Abrüstung in verschiedenen Bereichen gelungen. Sie verloren ihre Bedeutung teils nicht erst, weil Wladimir Putin sie mit seinem Angriffskrieg hinfällig gemacht hat, sondern weil sie durch politische Veränderungen oder die Weiterentwicklung von militärischen Fähigkeiten obsolet wurden.

Der Vertrag über konventionelle Streitkräfte in Europa (KSE-Vertrag), der im November 1990, als es die Sowjetunion und den Warschauer Pakt noch gab, unterzeichnet wurde, der aber erst nach deren Auflösung zwei Jahre später in Kraft trat, führte zu einer drastischen Reduzierung schwerer Waffensysteme und gewährte den Parteien umfassende Rechte, die Einhaltung der Verabredungen zu überwachen. Er verfolgte einen – damals richtigen – quantitativen Ansatz: Wer hat wie viele Panzer, auf welche Anzahl sollen diese begrenzt bleiben etc. Inzwischen spielt jedoch eine weit größere Rolle, was verschiedene hoch entwickelte konventionelle Waffensysteme im Verbund zu leisten vermögen.

1999 wurde der Vertrag den veränderten Realitäten in Europa angepasst. Doch lediglich einige der Nachfolgestaaten der Sowjetunion, darunter Russland, ratifizierten ihn, eine Mehrzahl der NATO-Staaten lehnte dies ab: Russland müsse zuvor seine Truppen aus Georgien und Moldau abziehen. Die russischen Truppen, die bis heute im transnistrischen Teil der Republik Moldau, an der Südwestgrenze der Ukraine, ein separatistisches Regime unterstützen, stellen im gegenwärtigen Krieg ein zusätzliches Gefahrenpotenzial dar. Unter Hinweis darauf, dass Partner den Vertrag nicht ratifiziert hätten, setzte Russland 2007 die Umsetzung des KSE-Vertrages aus; anschließend taten dies auch die NATO-Staaten sowie Moldau, Georgien und die Ukraine, die sich aber verpflichteten, ihn weiter einzuhalten. 2015 erklärte Russland seinen faktischen Austritt.

Mit dem INF-Vertrag (»Intermediate Range Nuclear Forces«) von 1987 zwischen den USA und der Sowjetunion wurde erstmals in der Geschichte ein Waffensystem komplett aus der Welt geschafft, von dem wir in Europa uns zu Recht besonders bedroht fühlten: landgestützte Raketen mittlerer Reichweite. Doch nach Ende des Kalten Krieges legten sich auch andere Staaten solche Raketen zu. Auf der Münchner Sicherheitskonferenz 2007 erklärte Wladimir Putin, der Vertrag befriedige nicht mehr die Interessen Russlands. Angesichts der Verbreitung dieses Waffentyps sei »offensichtlich, dass wir unter diesen Bedingungen darüber nachdenken müssen, unsere eigene Sicherheit zu gewährleisten«. Seither bezichtigten sich Russland und die USA gegenseitig, der jeweils andere verstoße gegen den Vertrag.

Zur Abwehr weit reichender Raketen des Iran oder Nordkoreas entwickelten die USA nach dem 11. September 2001 ein Waffensystem (»Missile Defense«, MD), das Moskau anfangs billigte, dem es dann jedoch unterstellte, es unterlaufe die Bestimmungen des INF-Vertrages und bedrohe Russland. Russland seinerseits entwickelte Raketensysteme, von denen der Westen mit guten Gründen überzeugt war, sie besäßen exakt die Qualitäten der im INF-Vertrag verbotenen Mittelstreckenraketen. Als Russland diese Systeme zu produzieren begann, kündigte Präsident Trump den INF-Vertrag. Bemühungen der Bundesregierung, ihn noch zu retten, zögerten sein Ende lediglich um zwei Monate hinaus, am 1. Februar 2019 erklärten die USA ihren Ausstieg.

Vier Jahre später, am 21. Februar 2023, setzte Präsident Putin die Mitwirkung Russlands im letzten der großen Rüstungskontrollverträge aus, der den Einsatz von Interkontinentalraketen regelte. Im New-START-Vertrag (»Strategic Arms Reduction Treaty«) hatten die USA und Russland 2010 die Zahl strategischer Angriffswaffen und ihrer nuklearen Sprengköpfe begrenzt.

Wir müssen bei der Rüstungskontrolle also wieder ganz von vorn anfangen. Gleiches gilt für den Bereich »Vertrauensbildender Maßnahmen«. 1990 verpflichteten sich die Mitgliedstaaten der OSZE im seither fortentwickelten »Wiener Dokument«, einmal jährlich ausführliche Informationen über ihre Streitkräfte und Waffensysteme auszutauschen und sich über geplante Manöver sowie Ausgaben und Planungen im militärischen Bereich zu informieren. Dazu gehört die Verpflichtung, zu Manövern bestimmter Größe Beobachter aus den anderen Mitgliedstaaten einzuladen; bei kleineren Manövern können solche Einladungen freiwillig ausgesprochen werden. So kann jeder Vertragsstaat sich selbst ein Bild von militärischen Einheiten und Aktivitäten in anderen Ländern machen.

1992 unterzeichneten 27 Staaten der NATO und des ehemaligen Warschauer Vertrages und später noch sieben andere Länder eine weitere Vereinbarung im Bereich vertrauensbildender Maßnahmen, den »Vertrag über den Offenen Himmel«, der allen Beteiligten das Recht gibt, über dem Gebiet anderer Vertragsstaaten jährlich unter gewissen Bedingungen eine bestimmte Anzahl von Beobachtungsflügen durchzuführen. Mit dem Vorwurf, Russland nutze die Flüge zu Spionagezwecken, traten 2020 die USA aus dem Abkommen aus, 2021 folgte Moskau. Grundidee beider Verabredungen war es, durch Transparenz und Berechenbarkeit Vertrauen zu schaffen und Konflikten vorzubeugen.

Dienten diese und weitere Verträge anfangs der Eindämmung des Kalten Krieges, so waren sie später von der Euphorie des Aufbruchs bestimmt. In der Summe war jedenfalls eine bemerkenswerte Architektur der Rüstungskontrolle, Abrüstung und Vertrauensbildung entstanden, die die Welt ein Stück sicherer gemacht hatte. Und die heute, in einer Situation, in der das gegenseitige Vertrauen restlos zerstört ist, dringender gebraucht wird denn je. Ein denkbar schlechter Ausgangspunkt, um zu neuen Verabredungen zu kommen, mag man denken. Doch die Alternative wäre schlicht, nichts zu tun – oder aber sich auf allen Seiten wieder in jene schwindelerregenden Höhen hochzurüsten, die die Siebziger- und Achtzigerjahre des vergangenen Jahrhunderts geprägt haben.

Kurz vor dem russischen Angriff, Ende November 2021, hatte Präsident Putin mit Blick auf die Ukraine noch einmal klargestellt, worin er die wesentliche Gefährdung Russlands sah – in westlichen Raketensystemen mittlerer Reichweite in der Nähe seiner Grenzen: »Es geht vor allem um das Entstehen von Bedrohungen, die von diesem Territorium ausgehen könnten. Wenn ein Gefechtssystem auf dem Gebiet der Ukraine auftaucht, dann wäre die Flugzeit nach Moskau sieben bis zehn Minuten.«

Weder seitens der NATO noch einseitig seitens der USA gab es und gibt es Absichten, in der Ukraine Raketenabwehrsysteme zu installieren. Da solche (MD) in Polen und Rumänien bereits installiert sind, wäre es im Übrigen gar nicht erforderlich. Die MD-Systeme sind aus amerikanischer Sicht rein defensiv und gegen Bedrohungen aus Iran oder Nordkorea gerichtet; hätten die USA die Absicht, einen Angriff mit Raketen vergleichbarer Fähigkeit durchzuführen, so könnten sie sich zudem seegestützter Systeme bedienen, die vom INF-Vertrag nicht erfasst sind. Insofern diente Wladimir Putins Behauptung, Russland drohe demnächst mit Raketen aus der Ukraine heraus angegriffen zu werden, lediglich als Vorwand, das Nachbarland »präventiv« anzugreifen.

Und doch lässt sich auf der Suche nach einer Lösung für den Ukrainekonflikt hier ansetzen, indem man versucht, erneut zu einer Verabredung über Raketen mittlerer Reichweite in Europa zu kommen. Ein neuer INF-Vertrag läge im Interesse beider Seiten. Die wechselseitigen Vorwürfe gehörten dabei genauso auf den Tisch wie die veränderten technischen Fähigkeiten der letzten 25 Jahre. Würde eine Vereinbarung geographisch begrenzt, auf Systeme diesseits des Urals, würde dies amerikanischem Zögern entgegenkommen, sich angesichts gewachsener chinesischer Raketenarsenale auf einen erneuten Vertrag einzulassen. Doch auch Russland will sich, allen Freundschaftsbekundungen zum Trotz, gegenüber China im Bereich der Mittelstreckenraketen nicht entblößen. Offen ist die Frage, ob es sich wieder um russisch-amerikanische Verhandlungen handeln sollte; Russland stellt sich Gespräche mit der NATO insgesamt vor, da es auch französische und britische Raketensysteme eingeschlossen sehen will. Diese ließen sich sinnvoll jedoch eher in Gesprächen über strategische Stabilität berücksichtigen, also über das grundsätzliche »Gleichgewicht der Abschreckung«, da sie für Großbritannien und Frankreich eine strategische Bedeutung besitzen.

Bei den konventionellen Streitkräften ist die NATO Russland zahlenmäßig weit überlegen, auch wenn Truppen und Material nur zum Teil in Europa aufgestellt sind. Russlands Krieg gegen die Ukraine hat überdies demonstriert, in welch schlechter Verfassung die russische Armee ist. Der KSE-Vertrag hatte beiden Seiten Sicherheit gegeben, nicht zuletzt aufgrund der Möglichkeiten, seine Einhaltung zu überwachen. Auch in diesem Bereich sollte ein neuer Anlauf unternommen werden – und der Fokus sich diesmal auch auf die Fähigkeiten richten, verschiedene Systeme im Verbund einzusetzen. In der OSZE hatte bereits 2016 auf deutsche Initiative ein Prozess begonnen, der sich diesem Thema widmete.

Eine von Russland akzeptierte Vereinbarung über konventionelle Fähigkeiten könnte dazu führen, dass in Moskau weniger schnell der Einsatz taktischer Nuklearwaffen erwogen wird. Noch einmal: Es geht nicht darum, was wir tatsächlich vorhaben, sondern darum, wie die andere Seite ihre Sicherheit bedroht sieht. Zu Beginn des Kalten Krieges war es übrigens umgekehrt gewesen: Die Streitkräfte des Warschauer Vertrages waren jenen der NATO konventionell überlegen, daher hatte der Einsatz taktischer Nuklearwaffen in den Überlegungen des Bündnisses eine große Rolle gespielt. Über solche Waffensysteme wäre also ebenfalls zu reden. Dass Putin Ende März 2023 ankündigte, solche nun auch in Belarus aufzustellen, dürfte insbesondere Peking sauer aufgestoßen sein: Wenige Tage zuvor hatten die Präsidenten Russlands und Chinas, während des Staatsbesuches Xi Jinpings in Moskau, eine Vereinbarung unterschrieben, dass solche Waffen nicht in dritten Staaten stationiert werden dürften.

Bleiben die strategischen Waffen. Putins Ankündigung im

Rahmen seiner letzten Poslanie, die Mitwirkung am New-START-Vertrag auszusetzen, wirkte ein wenig wie der Versuch, noch einmal irgendeine Drohung auszusprechen. Es änderte sich vorerst nichts, die sogleich nachgeschobene Bekräftigung der russischen Regierung, sich weiter an die Bestimmungen des Vertrages halten zu wollen, klang geradezu beschwichtigend. Es lohnt also den Versuch, auch über die Zukunft dieses Vertrages zu sprechen.

In alle diese Gespräche zur Begrenzung und Regelung nuklearer und konventioneller Waffensysteme, bei denen sich teilweise wohl an frühere Verträge anknüpfen ließe, wären auch alle militärischen und nichtmilitärischen Fähigkeiten einzubeziehen, über die bislang noch niemand verhandelt hat: hyperschnelle Waffen, Energiewaffen, Drohnen, Fragen der Nutzung Künstlicher Intelligenz und die Möglichkeiten des Cyberraumes. Wesentliches Element künftiger Verhandlungen aber müssen wieder Gespräche über vertrauensbildende Maßnahmen sein. Hier könnten Formate der Vergangenheit, die sich als konstruktiv und sinnvoll erwiesen haben, fortentwickelt werden. Offenkundig gibt es jedoch gerade auf diesem Gebiet die größten Hürden zu überwinden, denn mit seinem brutalen Angriffskrieg hat Moskau einstweilen jegliches Vertrauen zerstört. Russland hat eine enorme Bringschuld.

Die Aufnahme von zweifellos schwierigen und komplexen Gesprächen über Rüstungskontrolle und Abrüstung wäre ein erster Schritt aufeinander zu. Die Kontakte der Sicherheitsexperten der Regierungen Russlands und der NATO sind auch nach dem 24. Februar 2022 nicht abgebrochen. Es ist also nicht aussichtslos, sie unabhängig vom weiteren Kriegsverlauf mit größerem Nachdruck fortzusetzen und damit zumindest eine gewisse Vertrauensperspektive zu schaffen. So könnte jener

Rahmen entstehen, in dem Russland und die Ukraine bereit und interessiert sind, sich auf Verhandlungen über eine Beendigung des Krieges einzulassen. Unsere fortgesetzte Unterstützung der Ukraine würde es Kiew erlauben, solche Gespräche auf Augenhöhe zu führen. Die russische Führung könnte zu Hause behaupten, dass es ihr ja von Anfang an darum gegangen sei, Aussichten auf Sicherheit zu erhalten. Die Vereinbarungen würden zugleich unsere eigene Sicherheit erhöhen und verhindern, dass Russland versucht sein könnte, erneut aggressiv auszugreifen.

Wie auch immer der Krieg beendet werden wird, wir können nicht davon ausgehen, dass sich die Verhältnisse in Russland allein dadurch schon irgendwie zum Guten wenden. Wir müssen uns vielmehr auch auf zwei andere Nachkriegsszenarien einrichten: eines, in dem es in einem schwachen Russland zu Erschütterungen kommt, deren Auswirkungen auch uns betreffen werden, und eines, in dem ein weiterhin aggressives Russland auch künftig – unter dieser Führung oder einer nachfolgenden, ähnlich ausgerichteten – ein negativer, zerstörerischer Faktor der internationalen Politik bleiben wird. Die Welt der Konfrontation, die Wladimir Putin uns mit dem 24. Februar 2022 aufgezwungen hat, würde damit einstweilen verstetigt. Deshalb muss es unser Interesse und unsere Aufgabe sein, bereits jetzt den Blick auf die Zeit nach dem Krieg zu richten. Wir müssen abwehrbereit sein und in der Lage einzuhegen, und wir müssen der Konfrontation durch Verabredungen ein Minimum an Ordnung zu geben versuchen.

Mit der Aussicht auf ein Ende des Krieges in der Ukraine rückt eine Reihe weiterer Probleme wieder in den Vordergrund. Welche Garantiestaaten sind bereit und fähig, eine unabhängige Ukraine entschlossen zu schützen, sollte sie erneut von Russland angegriffen werden? Die dauerhafte Finanzierung des Wiederaufbaus der Ukraine und die Rückführung von Flüchtlingen müssen ebenso geklärt werden wie der Wunsch weiterer Staaten nach Aufnahme in NATO und EU. Bestehende regionale Konfliktherde werden das Verhältnis zwischen dem Westen und Russland auch künftig stark bestimmen: die Einhegung der nuklearen Ambitionen des Iran, die latent vorhandenen Spannungen im Nahen Osten, die unruhige Entwicklung in Nordafrika und die Großmachtambitionen der Türkei. Europa darf sich von diesen Themen nicht treiben lassen; es muss seine eigene Agenda schaffen, ohne Russland dabei aus dem Blick zu verlieren.

DER GROSSE BRUDER IN PEKING

Für die Zeit nach Putins Krieg ist derzeit am ehesten mit einer Welt zu rechnen, in der Russland eine Sorge der internationalen Politik bleibt – ein nicht unwichtiger, aber kein gestaltender Faktor. Wegen seiner natürlichen Reichtümer und seiner traditionellen Bereitschaft, die Welt günstig mit Waffen zu versorgen, wird Russland bestrebt bleiben, Allianzen und Abhängigkeiten zu schmieden. Dabei kann es in vielen Ländern des Südens auf eine dem Westen gegenüber kritische Haltung setzen. Die Partner dürften jedoch ihre Lehre aus dem Ukrainekrieg gezogen haben und werden angesichts der zerstörerischen Bereitschaft der russischen Politik darauf achten, Distanz zu wahren. Oder sie werden die Gelegenheit nutzen, Russland in noch größere Abhängigkeit zu bringen – allen voran China.

»Peking unterstützt Moskau« ist eine im Westen oft geäußerte Einschätzung. Doch ganz so einfach ist es nicht. Die chinesische Interessenlage angesichts des Krieges ist komplex.

Zweierlei hat Peking dabei im Blick: Sich selbst und seine hegemoniale Auseinandersetzung mit den USA. Davon ist sein Handeln geleitet. Wladimir Putins Krieg dürfte Xi Jinping äußerst ungelegen gekommen sein. Ob der russische Präsident dem chinesischen seine Absichten umfassend dargelegt hat, als er ihn vier Wochen vor Kriegsbeginn am Rande der Olympischen Spiele in Peking traf, darf bezweifelt werden. Wahrscheinlich waren seine Aussagen eher auf der Linie: Sie wissen, dass der Westen uns zunehmend bedroht und dass russische Landsleute in der Ukraine von Nazis verfolgt werden. Wir können nicht ausschließen, dass wir uns werden zur Wehr setzen müssen.

Bei den beiden Abstimmungen in den Vereinten Nationen, die das russische Vorgehen im Abstand von einem Jahr mit überwältigender Mehrheit verurteilten, enthielt Peking sich der Stimme. Als das Moskauer Nukleargerede zu unverantwortlich wurde, trat der chinesische Präsident dem mit ungewöhnlich deutlichen Worten entgegen. Keine der russischen Annexionen der letzten Jahre hat China anerkannt, weder die der Krim 2014 noch jene der vier »Republiken« auf ukrainischem Territorium 2022. Gewaltsame Gebietsveränderungen zu Lasten anderer Staaten schätzt man im Reich der Mitte nicht (Taiwan ist aus Sicht Pekings ein abtrünniger Teil der Volksrepublik).

Andererseits bestand für die chinesische Führung kein Zweifel, dass die ursächliche Verantwortung für den Krieg beim Westen lag. Davon zeugte auch ein Papier, mit dem China erstmals seine »Position zur politischen Beilegung der Ukraine-Krise« darlegte – zwölf Monate nach Kriegsbeginn. »Die Sicherheit einer Region sollte nicht durch die Stärkung oder Ausweitung von Militärblöcken erreicht werden«, hieß es dort. Das griff die Moskauer Bedrohungsbehauptung auf, wie auch der folgende Satz der russischen Sicht entsprach: »Einseitige

Sanktionen und maximaler Druck können das Problem nicht lösen; sie schaffen nur neue Probleme.« Zugleich rief China aber schon in den ersten Sätzen des Papiers dazu auf, das allgemein anerkannte Völkerrecht einschließlich der Ziele und Grundsätze der Charta der Vereinten Nationen strikt einzuhalten: »Die Souveränität, Unabhängigkeit und territoriale Unversehrtheit aller Länder muss wirksam gewahrt werden.« Alle Länder, ob groß oder klein, seien gleichberechtigte Mitglieder der internationalen Gemeinschaft. Eine Unterstützung der Position der Ukraine – solange man die Wirklichkeit nicht durch die Brille des Kremls sah. Unmissverständlich an die Adresse Moskaus gerichtet war der erneute Appell: »Atomwaffen dürfen nicht eingesetzt und Atomkriege dürfen nicht geführt werden. Die Androhung oder der Einsatz von Atomwaffen sollte abgelehnt werden.«

Das »Positionspapier« war im Wesentlichen eine Auflistung allgemein anerkannter Grundsätze, doch eines war es auf jeden Fall nicht: ein Friedensplan. Einen Aufruf, Truppen aus einem völkerrechtswidrig besetzten Gebiet abzuziehen, suchte man vergeblich, und über den Appell, Verhandlungen aufzunehmen, ging das Papier nicht hinaus. Es wurden auch keine sichtbaren Anstrengungen unternommen, das Gespräch mit Kiew gleichermaßen intensiv zu suchen wie mit Moskau.

China, so wurde deutlich, stand fest an der Seite – Chinas. In seinen wohlfeilen Bekundungen war das Papier nicht zuletzt auch an die Länder des Südens gerichtet, denen China damit eine friedliebende, moderierende Position vermitteln wollte. Dass China sich scheinbar neutral verhält, dürfte in vielen Ländern auf Zustimmung stoßen. Abseits zu stehen war aus Sicht Pekings das Beste, was man tun konnte. Dabei hätte es seiner gewachsenen Verantwortung als geopolitisches Schwergewicht entsprochen, tatsächlich einen Vermittlungsversuch zu unternehmen. Auch zu Kiew unterhält Peking traditionell gute Beziehungen, in der Ukraine hatte man den ersten Flugzeugträger gekauft, von dort kamen vor Kriegsbeginn 30 Prozent der chinesischen Getreideimporte und auch Rüstungsgüter wie Triebwerke und Raketen.

Doch die geradezu obsessive Entschlossenheit, mit der Putin seinen Krieg führte, dürfte in Peking zu dem Schluss geführt haben, dass man mit einem ergebnislosen Vermittlungsversuch sein Gesicht verlieren würde. »Es gibt keine einfache Lösung für ein komplexes Problem« – so zog man sich im Positionspapier aus der Affäre. Es steht zu erwarten, dass Peking auch weiterhin alles versuchen wird, dem Konflikt fernzubleiben, möglicherweise in der Hoffnung auf einen Waffenstillstand im Ergebnis eines Abnutzungskrieges. Statt dem Krieg in der Ukraine größere Aufmerksamkeit zu widmen, wandte China sich anderen geopolitischen Fragen zu. Mit einer erfolgreich herbeigeführten Annäherung zwischen dem Iran und Saudi-Arabien führte man den USA vor, wer inzwischen besser in der Lage war, in einer Krisenregion Einfluss zu nehmen – in einer Region, in der Washington über Jahrzehnte den Ton angegeben hatte. Im Krieg im Jemen ergab sich zumindest eine vorsichtige Hoffnung auf eine Lösung. Zeigte sich China hier als positiver Ordnungsfaktor auch jenseits unmittelbarer eigener Interessen?

Chinas Haltung ist auch Ausdruck eines Dilemmas, in das Moskau Peking gebracht hatte. Der Krieg schadet Chinas grundlegendem Interesse an weltweit ungestörten Handelsbeziehungen. Wladimir Putin sorgte auf wichtigen chinesischen Absatzmärkten für explodierende Energiepreise, Rezession, Inflation und zurückgehende Verbrauchernachfrage. Und er beschädigte einen wichtigen Strang der chinesischen Handelsrouten – jenen durch Russland. Aber auch die absehbare Schwächung Russlands, das ein wichtiger Verbündeter in der

Auseinandersetzung mit den USA ist, verfolgt man in Peking mit Sorge. Aus Sicht Pekings darf Russland diesen Krieg nicht verlieren, das würde einem geostrategischen Sieg des Westens gleichkommen und eine Niederlage des autoritären Herrschaftsmodells bedeuten. Doch Peking will andererseits nicht riskieren, mit einer zu tatkräftigen Unterstützung Moskaus unter den Druck weiterer amerikanischer Sanktionen zu geraten. Empört wies man daher auch Vorwürfe zurück, man beliefere Russland mit Waffen – solches wird man, falls überhaupt, bestenfalls auf dem Umweg über Nordkorea tun.

Westliche Kritik an der chinesischen »Neutralität«, insbesondere der Vorwurf, Peking unterstütze Moskau aktiv, führten zur Verhärtung der chinesischen Haltung insbesondere gegenüber den USA, die ihrerseits auf die militante Taiwan-Rhetorik und das neoimperiale Auftreten Chinas mit harter Rhetorik und mit Sanktionen reagierten. Die westlichen Länder hätten China unter US-Führung »rundum abgeschottet, eingekreist und unterdrückt, was die Entwicklung unseres Landes vor noch nie dagewesene Herausforderungen gestellt hat«, empörte Xi Jinping sich Anfang März 2023, und sein Außenminister warnte, dass »Konflikte und Konfrontationen« mit möglicherweise »katastrophalen Folgen« drohten, sollten die USA »nicht auf die Bremse treten, sondern weiterhin den falschen Weg verfolgen«.

Als Staats- und Parteichef Xi Jinping den »strategischen Partner« im März 2023 in Moskau besuchte, war er voll des Lobes für Wladimir Putins »starke Führung« und die »Erfolge«, die dieser Russland gebracht habe. Dabei ging er allerdings etwas weit, als er sich überzeugt zeigte, dass die Menschen Russlands den Kremlherrscher bei den Präsidentschaftswahlen im kommenden Jahr wieder »unterstützen« würden. Das zwang Moskau zu raschen, gewundenen Richtigstellungen – eine erneute Kandidatur hatte der Präsident noch gar nicht erklärt.

Xi Jinpings Besuch in Moskau im März 2023 führte die wachsende Abhängigkeit Russlands von Peking der ganzen Welt vor Augen. Russland war inzwischen zu Chinas wichtigstem Energielieferanten geworden – zu äußerst vorteilhaften Preisen, die Peking durchsetzen konnte. Moskau hatte schließlich keine Alternative. Die Verabredungen, die während des Besuches im Wirtschaftsbereich getroffen wurden, spiegelten, soweit sie bekannt wurden, stark die Interessenlage Chinas wider. Der bilaterale Handel, dessen Natur Peking schätzt – Industriegüter gegen Rohstoffe –, soll ausgeweitet werden; es sollen künftig mehr chinesische PKWs in Russland verkauft werden – während die russische Automobilindustrie am Boden liegt; der für Russland auch militärisch sensible nördliche Seeweg soll gemeinsam mit Peking entwickelt werden. Über die von Moskau erwünschte neue Pipeline nach China – die die großen Gasfelder im Westen Russlands, die bislang Europa belieferten, über Tausende von Kilometern an das chinesische Netz anschließen könnten – konnte man sich ebenfalls nicht verständigen.

Moskau hat keine Alternative zum engen Schulterschluss mit Peking. Da man Abhängigkeit im Kreml nicht schätzt, ist man bestrebt, die Machtverhältnisse zu verschleiern – bis an die Grenze der Persiflage: Es gebe im russisch-chinesischen Verhältnis »keinen, der führt, und keinen, der geführt wird«, schrieb Wladimir Putin in einem Artikel der chinesischen »Volkszeitung« aus Anlass des Besuches von Xi. Auch mit seiner Behauptung, die USA verfolgten einen »Kurs der Doppeleindämmung Russlands und Chinas«, versuchte sich Putin auf Augenhöhe mit Xi zu bringen. Er hätte besser im Protokoll des XX. Parteitags der KP Chinas vom Oktober 2022 nachgelesen.

Staats- und Parteichef Xi Jinping hatte dort das Bild einer bipolaren Welt entworfen, bestimmt vom Gegensatz China – USA. Moskau wurde nicht einmal erwähnt.

PEKINGS STRATEGIE UND MOSKAUS TAKTIK

Peking kann mit seiner Wirtschaftsmacht ganz andere Abhängigkeiten und politisches Wohlverhalten erzwingen als Moskau. Die russische Volkswirtschaft war bereits vor Kriegsbeginn kleiner als die Italiens; mit ihrem einzigen Druckmittel, der Rohstoffversorgung des Westens, lassen sich zwar erhebliche Verwerfungen erzeugen, aber letztlich keine dauerhaften Ziele durchsetzen. Nur auf dem Papier verfolgt Putin das Ziel, sein Land wirtschaftlich voranzubringen und den Wohlstand seiner Bürger zu mehren. Auch fehlt es in Moskau, anders als in Peking, an der Fähigkeit und Weitsicht, wirtschaftlichen Erfolg langfristig in politisches Kapital umzuwandeln und belastbare Partnerschaften aufzubauen. Dem steht bereits die Natur des russischen Systems entgegen, das einigen wenigen die Chance gibt, sich zu bereichern, ohne hierfür zum Aufbau einer modernen und innovativen Wirtschaft beitragen zu müssen. Hauptsache, die Rohstoffeinnahmen werfen genug Geld ab. Russland völlig fremd ist schließlich der chinesische Pragmatismus. Einem aggressiven Ausgreifen Pekings stehen seine Wirtschaftsinteressen entgegen – zumindest vorerst noch.

Seinen globalen Anspruch hat China in den vergangenen zwei Jahrzehnten eindrucksvoll untermauert. Dabei ging Peking wesentlich strategischer vor als die russische Führung und war stets bemüht, entstehenden Abhängigkeiten einen freundschaftlichen Anstrich zu geben – etwas, das im Denken Moskaus keine besondere Rolle spielt. Auch internationale Reputation ist Moskau letztlich gleichgültig. Es setzte ausschließlich auf seinen Rohstoffreichtum und mehr oder weniger verdeckte militärische Interventionen – oft genug für fragile Regime. Dabei bediente es sich in West- und Zentralafrika, in Libyen oder Syrien gerne seiner Söldnertruppen, eben jener Wagner-Verbände, die auch im Krieg gegen die Ukraine ihre ganze Brutalität entfalteten und sich, wie gesagt, vor Ort finanzierten. Eine für Moskau relativ kostengünstige »Politik«.

Konnte man der russischen Unterstützung für den wankenden Diktator Assad in Syrien noch ein regionales, nachbarschaftliches Interesse unterstellen, so wirkte das Eingreifen andernorts eher willkürlich, fast disruptiv, als sei das Hauptaugenmerk darauf gerichtet gewesen, wo sich eine günstige Gelegenheit bot, Partnerschaften des Westens zu unterminieren. Die einst von der Sowjetunion verbreitete Vision einer leuchtenden Zukunft im Sozialismus war längst Geschichte. Nur vereinzelt ließ sich an jene Vergangenheit noch anknüpfen, zum Beispiel in Südafrika, wo die Unterstützung der Sowjetunion für den Kampf des ANC gegen die Apartheid nicht vergessen ist. Was das Russland von heute zu bieten hat, wirkt dagegen überschaubar. Das zeigt schon der Blick auf den Verbund der fünf sogenannten BRICS-Staaten, zu dem sich Brasilien, Russland, Indien, China und Südafrika zusammengeschlossen haben. Russland nimmt hier eine eigentümliche Position ein: ein alterndes, absteigendes Industrieland des Nordens neben vier aufstrebenden Schwellenländern des Südens.

Betrachtet man den jeweiligen Anteil der BRICS-Staaten an der globalen Wirtschaftsleistung, so hat Russland dort den dritten Platz nach China und Indien inzwischen an Brasilien abgeben müssen. Der marktwirtschaftlich ausgerichtete südamerikanische Staat hat eine lange Periode stabilen Wachstums erlebt, bei Rückschlägen in den letzten Jahren. Wie Südafrika verfügt Brasilien über großes Potenzial bei zugleich strukturellen Defiziten. Dem Krieg in Europa stehen sie beide fern – nicht allein geographisch, sondern auch aufgrund anderer Interessen, die es ihnen geraten erscheinen lassen, sich nicht zu klar zu positionieren. Südafrika enthielt sich bei der entsprechenden Abstimmung in den Vereinten Nationen, Brasilien trug diese mit. Präsident Lula äußerte sich gleichwohl kritisch zur Politik des Westens in diesem Zusammenhang.

Die Ukraine könne, im Gegenzug für Frieden, ja auf die Krim verzichten, äußerte er im Vorfeld eines Besuches in Peking Mitte April 2023.Ein Deal, der weder der russischen Logik oder Moskaus Zielen noch dem Grundsatz entsprechen würde, Gewalt dürfe nicht belohnt werden. Lulas Vorschlag, gemeinsam mit China und anderen Ländern einen »Friedensclub« zur Vermittlung im Konflikt zu gründen, griff sein chinesischer Gastgeber nicht auf.

CHINA UND DIE ZUKUNFT DER GLOBALISIERUNG

DIE EIN-CHINA-POLITIK

Zwei Meldungen des staatlichen Statistikamtes in Peking lassen am 17. Januar 2023 Beobachter weltweit aufhorchen. Chinas Bruttoinlandsprodukt ist 2022 um lediglich 3 Prozent gewachsen – weit entfernt von jenen 5,5 Prozent, die Staats- und Parteichef Xi Jinping wenige Monate zuvor noch als Ziel ausgegeben hatte. Sieht man vom ersten, dramatischen Jahr der Corona-Pandemie 2020 ab, musste man bis 1976 zurückgehen, dem letzten Jahr der Kulturrevolution, um ein vergleichbar niedriges Wachstum zu finden. Internationale Beobachter gingen davon aus, dass selbst die 3 Prozent geschönt waren.

Die zweite Meldung: Chinas Bevölkerung war 2022 im Vergleich zum Vorjahr um 850.000 Menschen geschrumpft. Hier musste man noch weiter zurückblicken, um einen entsprechenden Rückgang feststellen zu können. Mao Zedongs grausamer Versuch, das Land mit radikalen Maßnahmen durch einen »Großen Sprung nach vorn« in die Moderne zu zwingen, hatte zwischen 1958 und 1961 zu einer Hungersnot geführt, der offiziellen Angaben zufolge 36 Millionen Menschen zum Opfer fielen, vermutlich wesentlich mehr. 2022 ließen sich die Ursachen ebenfalls weitgehend auf politische Entscheidungen zurückführen: Erstmals wurden in vollem Ausmaß die Auswirkungen der 2016 beendeten Ein-Kind-Politik offensichtlich, die in den nächsten Jahren noch spürbarer sein werden.

Beide Meldungen illustrieren, dass Geschichte eben nicht linear verläuft und dass reine Ableitungen aus der Vergangenheit schnell zu fehlerhaften Prognosen führen können. Die über Jahrzehnte selbstverständliche Annahme etwa, der Aufstieg des bevölkerungsreichsten Landes der Erde werde unaufhaltsam sein, ist 2023 schon deshalb nicht mehr zutreffend, weil Indien seit diesem Jahr mehr Einwohner zählt als China.

Zuletzt hatte ein anderes, weitverbreitetes Urteil über China sich als unzutreffend erwiesen: Mit Umsicht und Weitblick lenke die kommunistische Führung die Geschicke des Landes auf seinem eindrucksvollen Weg zur möglicherweise führenden Weltmacht des 21. Jahrhunderts. Nicht, dass der weitere Aufstieg auszuschließen wäre – Chinas Wirtschaft dürfte sich alsbald erholen –, doch die dramatische Niederlage der Führung im Kampf gegen Corona bedeutete einen enormen Gesichtsverlust. Mit ihrer verfehlten Politik des Lockdowns hatte sie die Schlacht gegen die Pandemie verloren und sah sich zu einer radikalen Kehrtwende gezwungen. Weder war es China gelungen, einen wirklich effektiven Impfstoff zu entwickeln, noch die Bevölkerung zu überzeugen, sich in ausreichendem Maße impfen zu lassen.

Autoritäre Systeme, denen man bei allen Defiziten zutraut, auf eine Krise rasch und effektiv reagieren zu können, weil keine Rücksicht genommen werden muss auf demokratische Entscheidungsprozesse, Kritik und Protest, hatten sich im Umgang mit der globalen Pandemie als nicht erfolgreich erwiesen. Es waren marktwirtschaftlich organisierte Demokratien gewesen, in denen wirksame Impfstoffe entwickelt wurden – die USA und Deutschland –, und auch bei den Impfquoten schnitten autoritär regierte Länder überwiegend deutlich schlechter ab als offene Gesellschaften.

Der Umgang mit der Corona-Pandemie offenbarte zwei wesentliche Elemente der Politik der kommunistischen Führung, die sich auch in der Vergangenheit gezeigt hatten: die Bereitschaft zu radikalen, ideologisch geprägten und gegebenenfalls rücksichtslosen Schritten mit teils dramatischen Folgen – und die Fähigkeit, pragmatisch gegenzusteuern, wenn nötig in die entgegengesetzte Richtung. Auf das Scheitern des »Großen Sprungs nach vorn« und die Hungersnot reagierte Mao Zedong 1963 mit einer sozialistischen Erziehungskampagne und drei Jahre später mit der Kulturrevolution, in China heute als die »zehn Jahre des Chaos« in Erinnerung, die ebenfalls schreckliche Opfer forderten. Zu den Millionen, die damals Bedrohung und Demütigung am eigenen Leib erfuhren, gehörte der 1953 geborene Sohn eines hohen Parteifunktionärs: Xi Jinping. Die Erfahrung, die er während seiner steilen Karriere bis an die Spitze seines Landes mitnahm, war, dass Ordnung, Stabilität und Kontrolle überragende Bedeutung bei der Führung des Landes besitzen müssen.

Wenige Jahre, nachdem die Kulturrevolution mit Mao Zedongs Tod 1976 für endgültig gescheitert erklärt werden konnte, brachte ein neuer Führer China auf einen Kurs radikalen Wandels. Die Öffnung des Landes durch Deng Xiaopings Reformprogramm bedeutete nicht weniger als eine Abkehr von der bisherigen Politik der Kommunistischen Partei und ebnete den Weg für Chinas machtvollen Aufstieg zur zweitgrößten Volkswirtschaft der Welt, mit Wohlstand und Bildung und einer wachsenden Mittelschicht. Die Aussicht auf einen riesigen, schnell wachsenden Markt und ein anscheinend unerschöpfliches Angebot an kostengünstigen jungen Arbeitskräften lockten ausländische Investoren in großer Zahl ins Land.

Mit dem wirtschaftlichen Erfolg wuchs die Chance, diesen in die Währung politischer Macht umzumünzen – im Lande wie weltweit. Noch entschlossener als seine Vorgänger verfolgt der gegenwärtige Machthaber, der seit zehn Jahren an der Spitze steht, diesen Kurs. Gegen die Auswüchse des Wohlstands – ausufernde Korruption und das unkontrollierte Agieren der neuen Superreichen – setzte Xi Jinping den ideologischen Anspruch und die Herrschaft der Kommunistischen Partei durch. Außenpolitisch lässt er keinen Zweifel daran, dass China seinen »angestammten Platz« in der Weltgemeinschaft zurückgewinnen müsse. Spätestens 2035 soll China die industriellen Standards für Informations- und Biotechnologien bestimmen und 2049 die wirtschaftlich wie militärisch führende Weltmacht sein.

Xis Zukunftsvisionen knüpfen an die Vergangenheit an. 1435, vor sechshundert Jahren, fand die letzte der sechs glorreichen Fahrten des Admirals Zheng He statt, der in der ersten Hälfte des 15. Jahrhunderts mit einer gewaltigen Flotte bis an das Horn von Afrika vorstieß. Politische Verwerfungen im Reich der Mitte setzten den maritimen Expeditionen, die einen Höhepunkt zivilisatorischen Erfolges und globaler ökonomischer Macht in Chinas Geschichte darstellten, ein Ende. China war damals eine technologisch führende Nation: Man beherrschte die Kartographie und hatte den Kompass erfunden – wie zuvor auch das Schwarzpulver, das Papier und das Porzellan.

Xi Jinping steht aber auch die langanhaltende Phase der Erniedrigungen vor Augen, die sein Land vor allem im 19. Jahrhundert, dem »Jahrhundert der Demütigungen«, erfahren musste. In einer frühen Phase der Globalisierung erwirtschaftete China um 1820 etwa ein Drittel der Wirtschaftsleistung der Welt. Doch mit Beginn der industriellen Revolution zogen die Europäer an China vorbei. In zwei Kriegen zwang die Kolonial- und Seemacht Großbritannien China Mitte des 19. Jahrhunderts dazu, den Import von Opium zu akzeptieren, der die negative Handelsbilanz der Briten ausgleichen sollte. Weitere Mächte meldeten Ansprüche an, und China war gezwungen, eine Vielzahl von »ungleichen Verträgen« abzuschließen, die die Souveränität des Landes erheblich einschränkten. Wenig bekannt bei uns in Europa, aber in China nicht vergessen ist der Vertrag von Aigun, mit dem Pekings nördlicher Nachbar, das Russische Reich, wie bereits erwähnt, 1858 gewaltige Gebietserweiterungen im Osten durchsetzen konnte. An deren äußerstem Punkt gründete der Zar eine strategisch bedeutende Hafenstadt mit dem programmatischen Namen »Beherrsche den Osten«: Wladiwostok.

1911 brach das chinesische Kaiserreich zusammen, 1949 übernahmen die Kommunisten die Macht, die Führung der vormaligen Republik China zog sich auf die Insel Taiwan zurück. 2049 jährt dieses Datum sich zum hundertsten Mal. Lange Zeit weigerte sich ein Großteil der Staatengemeinschaft, die Herrschaft der Kommunisten auf dem Festland anzuerkennen. Doch die kategorische Linie der Volksrepublik, dass es nur ein China geben könne, eine veränderte Interessenlage der USA und zunehmender Einfluss Pekings bei den Ländern des globalen Südens führten dazu, dass die Vertreter Taiwans 1971 aus den Vereinten Nationen ausgeschlossen und durch die Vertreter Pekings ersetzt wurden, die auch den Sitz der Republik China im Sicherheitsrat einnahmen. Acht Jahre später nahm Washington diplomatische Beziehungen mit Peking auf, was den Bruch formeller Bindungen mit Taipeh bedeutete. Damit akzeptierten sie, wie alle übrigen Staaten, die diplomatische Beziehungen zu Peking unterhalten, das Prinzip, dass es nur ein China gebe, die Ein-China-Politik.

De facto haben wir es allerdings mit strategischer Doppeldeutigkeit zu tun: Mehr als siebzig Jahre lang war eine offene

Frage der internationalen Politik ohne Lösung geblieben, weil man sich darauf verständigt hatte, dass es besser sei, eine solche nicht zu erzwingen, und dass die Situation sich so gestalten lasse, dass alle Seiten davon einen Nutzen haben. Doch nun wird die Taiwan-Frage zu einem der Problemfelder der Zukunft, die Spannungen um diesen eingefrorenen Konflikt erhöhen sich. Wie im Falle des russischen Ausgreifens nach der Ukraine geht es dabei um Ansehen und Macht, um Einflusszonen und Gebietserweiterungen – aber eben auch um tiefer liegende Fragen des nationalen Stolzes und Selbstverständnisses.

Anders als China, das seine Bürger bis in die letzten Winkel ihres Privatlebens zu überwachen versucht, Minderheiten teils brutal unterdrückt und jede abweichende Meinung verfolgt, ist Taiwan eine funktionierende Demokratie, mit einer blühenden Volkswirtschaft. Das Land taucht zwar nicht in den offiziellen Statistiken der Vereinten Nationen auf, doch gemessen an seinem Bruttoinlandsprodukt gehört es – mit knapp 24 Millionen Einwohnern – zu den zwanzig größten Volkswirtschaften der Welt. Die globale Elektronikindustrie wäre ohne die Produktion von Halbleitern auf der Insel undenkbar. Auch die Volksrepublik China ist wirtschaftlich eng mit Taiwan verflochten.

Die Bundesrepublik Deutschland unterhält auf der Insel ein »Deutsches Institut Taipei«, und in Berlin, Hamburg, Frankfurt und München gibt es »Taipeh-Vertretungen«. All das ist China bereit zu tolerieren, solange sich die Partner zur Ein-China-Politik bekennen. Doch unter Xi Jinping hat sich der Kurs verschärft. Peking schließt nun ausdrücklich nicht mehr aus, die Vereinigung gegebenenfalls gewaltsam herbeizuführen. Aggressive Militärmanöver unterstreichen seinen Anspruch. Dies alarmiert die USA, in denen es quer durch die politischen Lager kaum ein Thema gibt, bei dem solche Geschlossenheit herrscht wie bei der Frage der Herausforderung durch China. Der pazifische Raum wird mehr und mehr zum Ort, an dem die Interessen und Rivalitäten der beiden verbliebenen Weltmächte aufeinanderstoßen.

Präsident Biden hat wiederholt erklärt, dass die USA Taiwan im Falle eines Konflikts mit der Volksrepublik gegebenenfalls auch militärisch unterstützen würden. War man sich zwischen Washington und Peking bislang einig gewesen, sich nicht einig zu sein, so entstand nun strategische Eindeutigkeit. Spätestens in dem Moment, in dem Taiwan sich formell für unabhängig erklärte, wäre aus Sicht Pekings der Kriegsfall gegeben. Westliche Reisepolitik beförderte die Irritationen. Die Sprecherin des amerikanischen Repräsentantenhauses, Nancy Pelosi, besuchte im Sommer 2022 ostentativ Taiwan – nicht zuletzt mit Blick auf die in den USA anstehenden Wahlen. Mehrfach reisten zuletzt auch Delegationen teils hochrangiger Bundestagsabgeordneter und mit der Bundesministerin für Bildung nach fast dreißig Jahren im März 2023 erstmals ein Kabinettsmitglied nach Taipeh, was jedes Mal zu verärgerten Reaktion Pekings führte.

Wer in Peking Einfluss nehmen will, sollte – bei klarer Benennung aller Differenzen – funktionierende Beziehungen unterhalten und über diese Kanäle deutlich machen, welchen ökonomischen, technologischen und politischen Preis ein Krieg der Volksrepublik gegen den Inselstaat nach sich ziehen würde. Das chinesische Verhalten gegenüber Taiwan untergrabe Frieden und Stabilität in der Region, betonte Präsident Biden, als er sich am 14. November 2022 am Rande des G20-Gipfels in Bali mit Xi Jinping traf. Er prangerte das »zunehmend aggressive« Vorgehen Pekings an, betonte jedoch zugleich, die USA wollten keinen »neuen Kalten Krieg«. Zehn Tage zuvor hatte Bundeskanzler Scholz bei einem Besuch in der chinesischen Hauptstadt bekräftigt, Deutschland halte weiterhin an der Ein-China-Politik fest, alle Veränderungen des Status Quo dürften aber »nur friedlich und im gegenseitigen Einvernehmen« erfolgen.

China ist der größte Handelspartner nicht nur Deutschlands, sondern der gesamten EU; auf China entfallen 9 Prozent aller Exporte und mehr als 20 Prozent aller Importe der Europäer. Doch auch für die USA ist das Reich der Mitte der größte Handelspartner. Dennoch gibt es in Washington teils sehr konkrete Bestrebungen, gegen China bereits jetzt, gewissermaßen präventiv, harte Wirtschaftsmaßnahmen zu ergreifen oder sie anzudrohen, um Peking in Schach zu halten. Auch Putin war im Vorfeld seines Angriffs unmissverständlich klargemacht worden, wie der Westen reagieren würde. An seiner Bereitschaft, seinem Land massiv zu schaden, hat dies nichts geändert. Die Entschlossenheit des Westens, die russische Führung diesen Krieg nicht gewinnen zu lassen, und die ökonomische Schwächung Russlands und seiner internationalen Position durch seine aggressive Politik sind gleichwohl auch ein klares Signal an Peking.

Wie wir mit China umgehen, bestimme »entscheidend unseren künftigen wirtschaftlichen Wohlstand und unsere nationale Sicherheit«, unterstrich Kommissionspräsidentin von der Leyen im Vorfeld ihrer Reise nach Peking Anfang April 2023. Den Europäern sei bewusst, so die Kommissionspräsidentin, »dass das klare Ziel der Kommunistischen Partei ein systemischer Wandel der internationalen Ordnung ist, in deren Mittelpunkt China steht«. Mit Sorge verfolgten die Europäer, dass China »in eine neue Ära der Sicherheit und der Kontrolle eingetreten ist«; wir hätten es heute mit einem Land zu tun, »das daheim repressiver und im Ausland selbstbewusster wird … Die schweren Menschenrechtsverletzungen in Xinjiang müssen uns sehr beunruhigen.« Sich von China vollständig abzukoppeln, sei jedoch »weder machbar noch im Interesse Europas«.

Die richtige Antwort laute vorerst »Risikominderung anstatt Entkopplung«. Die Beziehungen müssten auf der Grundlage von Transparenz, Berechenbarkeit und Gegenseitigkeit neu austariert, Abhängigkeiten reduziert werden.

Im Gespräch mit den amerikanischen Verbündeten müssen bereits jetzt klare Vorstellungen für den Fall entwickelt werden, dass die Spannungen um Taiwan eskalieren. Das schließt die Frage ein, wie weit europäische Staaten bereit wären, sich an einer Konfrontation militärisch zu beteiligen. Präsident Macron plädierte bei einem China-Besuch im April dafür, Europa solle sich heraushalten – in einer Situation, die keine eindeutige Stellungnahme verlangte. Der Druck auf die Europäer dürfte wachsen, sollte 2025 erneut ein republikanischer Präsident ins Weiße Haus einziehen. Mit Sorge werden in Europa Gedankenspiele amerikanischer Falken beobachtet, die Konfrontation mit China eventuell gezielt zu suchen, solange man der Volksrepublik noch überlegen sei. Das mögliche Argument einer künftigen republikanischen Administration, im Falle Chinas müssten die Europäer genauso ihren Beitrag leisten, wie die USA sich daran beteiligt hätten, der Ukraine zur Seite zu stehen, vergleicht allerdings zwei sehr unterschiedliche Sachverhalte: Es ist etwas grundsätzlich anderes, einem Land zu helfen, sich gegen eine Aggression zu wehren, als selbst handelnd einen Konflikt auszulösen.

Wie wahrscheinlich ist es, dass Peking seine Drohung wahr macht, die Vereinigung gegebenenfalls gewaltsam herbeizuzwingen? Xi Jinping ist erkennbar nationalistischer eingestellt als seine Vorgänger; stärker als diese hat er wieder den Herrschaftsanspruch der Partei in den Vordergrund gestellt und wirtschaftliche Fragen politischen Zielen untergeordnet. Alles wird seiner Vision untergeordnet, China bis 2049 als führende Weltmacht etabliert zu haben. Doch Xi kennt die Kosten aggressiver

Politik – und er steht zu Hause vor enormen Herausforderungen seiner Macht. Viel wird auch von der Klugheit und vom Geschick unserer Politik abhängen, welchen Kurs Peking wählt. Doch am Ende bleibt es Abwägung der chinesischen Führung, welchen Preis man gegebenenfalls zu zahlen bereit wäre.

WANDEL DURCH HANDEL? DAS SEIDENSTRASSENPROJEKT

In den vergangenen zehn Jahren hat China mit zahlreichen Ländern des globalen Südens ein umfassendes Netz von Projekten des Handels und der Infrastruktur, der Vergabe von Krediten und der Gewährung von Vorteilen geknüpft. Der chinesische Name dieser Politik, die bei uns etwas verklärend »Neue Seidenstraße« genannt wird, bezeichnet präzise, dass es nicht allein um Handel, sondern auch um Bindungen geht: »Ein Band – eine Straße«. China war stets darauf bedacht, die bestimmende Macht zu sein und zunehmend politischen Einfluss zu nehmen. Zu Recht wird diese Entwicklung von vielen westlichen Beobachtern mit großer Sorge registriert. Es darf jedoch nicht übersehen werden, dass das chinesische Vorgehen auch den jeweiligen Partnern oft große Vorteile verschaffte, indem es ihnen beispielsweise eine moderne Infrastruktur bescherte. Auch Deutschland profitierte und profitiert davon auf vielfache Weise. Doch je schwächer ein Partner ist, desto einseitiger gestaltet sich das Verhältnis.

Als China 2013 das Projekt »Ein Band – eine Straße« ins Leben rief, knüpfte es zum weiteren Mal an die eigene Geschichte an. Die Topografie des Projektes, das mehr als sechzig Länder einschließt, entspricht zum einen der legendären Seidenstraße, einem Netz von Karawanenwegen, die seit der Zeit des Römischen Reiches Ostasien mit dem Westen Europas verbanden, auf denen nicht nur Güter transportiert, sondern auch technische Innovationen, kulturelle Errungenschaften und neue Ideen ausgetauscht wurden. Zum anderen folgt das Konzept jenen sechs Fahrten der Flotte des Admirals Zheng He nach Südasien, Arabien und Afrika. Aber auch zahlreiche Länder Lateinamerikas wurden inzwischen Teil der Seidenstraßen-Initiative. In ihrer Definition des Projektes sind die Chinesen so pragmatisch wie flexibel. Als sich infolge des Klimawandels abzeichnete, dass der nördliche Seeweg zwischen Russland und der Arktis besser befahrbar sein würde, wurde dieser von Peking kurzerhand zur »arktischen Seidenstraße« erklärt; Russland musste akzeptieren, dass diese Route zunehmend von chinesischen Frachtschiffen genutzt wurde.

Chinas internationale Politik zielt auch darauf, die Wachstumsinteressen westlicher Staaten in seinem Sinne zu nutzen und Abhängigkeiten herzustellen. Bereits 2011, bevor die Seidenstraßen-Initiative auf den Weg gebracht wurde, stieß Peking eine Zusammenarbeit mit Ländern Ostmitteleuropas an, die zunehmend institutionellen Charakter annahm. Den zuletzt 17 europäischen Staaten und einer großen Zahl von Unternehmen aus diesen Ländern, die an den jährlichen 17+1-Gipfeln teilnahmen, wurden erhebliche Vorteile in Aussicht gestellt. Erster Partner war Ungarn, dem China Investitionen und wirtschaftliche Unterstützung zusagte, größter Partner wurde Polen. Bewusst war die Kooperation so angelegt, dass sowohl EU-Mitgliedstaaten als auch Länder des westlichen Balkans, die der EU (noch) nicht angehören, teilnehmen konnten. Teilweise von chinesischen Krediten finanziert, begannen chinesische Unternehmen in Polen, Serbien und Montenegro Autobahnen zu bauen, die Bahnstrecke Budapest-Belgrad zu modernisieren, Unternehmen in Partnerländern des 17+1-Formats aufzukaufen. Es war unübersehbar, dass Peking mit solchen Projekten auch einen Keil in die europäische Integration zu treiben versuchte, zu deren größten Stärken – eigentlich – gemeinschaftliches Vorgehen in Wirtschafts- und Handelsfragen gehört.

Doch es gab auch Missklänge, Projekte verteuerten sich und wurden verschoben. Kurz vor Beginn der Fußballeuropameisterschaft 2012, die von Polen und der Ukraine gemeinsam ausgetragen wurde, stellte eine chinesische Firma ihre Arbeiten am Bau der polnischen Ost-West-Autobahn über Nacht kurzerhand ein. Im Bemühen, den Auftrag unbedingt zu erhalten, hatte sie ganz offensichtlich ein Angebot abgegeben, das nicht einmal die eigenen Kosten deckte. Auch auf das 17+1-Format wirkte sich der russische Angriffskrieg aus: Angesichts der chinesischen Haltung zur russischen Aggression erklärten Estland und Lettland ihren Austritt. 2021 war bereits Litauen ausgeschieden: Die Zusammenarbeit bringe keinen Mehrwert. Seinen gleichzeitigen Versuch, die Beziehungen zu Taiwan aufzuwerten, konnte Vilnius allerdings nicht durchhalten, zu eng sind die Verflechtungen auch dieses Landes mit China.

Versuche der EU, Chinas wachsenden Einfluss in Europa einzudämmen und eine klare gemeinsame, auch kritische Position zu formulieren, stießen nicht zufällig immer wieder auf Widerstände Griechenlands. Als das Land unter dem Druck der Schuldenkrise von 2010 seine Häfen und Flughäfen privatisierte, war die chinesische Staatsreederei Cosco rasch zur Stelle und sicherte sich schließlich 67,1 Prozent der Anteile am Hafen von Piräus, dem größten Containerterminal des Mittelmeers, der zugleich der größte Passagierhafen in Europa ist. Auch vor diesem Hintergrund entbrannte in Deutschland eine heftige Debatte, als Cosco 2022 in den Hamburger Hafen einsteigen wollte; im Ergebnis wurde der

Erwerb von 24,9 Prozent der Anteile an einem der Terminals des Hafens in Aussicht gestellt, die Prüfung von Fragen nationaler Sicherheit in diesem Zusammenhang zog sich hin.

Zu diesem Zeitpunkt besaß das chinesische Unternehmen bereits Anteile, teils mehrheitlich, an dreizehn weiteren europäischen Häfen sowie an Häfen in Ägypten, Saudi-Arabien, Singapur, Südkorea, den USA und Peru. Solche Investitionen müssen nicht zwingend zum Nachteil der Partner sein; in Piräus zum Beispiel hat Cosco nach dem Einstieg Chinas erheblich investiert und den Hafen modernisiert. Auch Chinas Beteiligung an anderen Projekten der Infrastruktur kann den jeweiligen Orten und Ländern zugutekommen, chinesische Investitionen in Europa sind nicht per se zu verurteilen. Allerdings darf der größere strategische Zusammenhang, darf vor allem das Umschlagen von Kooperation in Abhängigkeit nirgends aus dem Blick geraten.

Die europäischen Märkte sind das lukrativste Ziel des chinesischen Handels über die Seidenstraße. 2014 wurde Duisburg zum Endpunkt der Schienenverbindung des Projektes, noch in diesem Jahr soll dort das größte Containerterminal im europäischen Hinterland in Betrieb gehen. Der wichtigste Korridor von China nach Duisburg verläuft allerdings über Russland. Mit Beginn des Krieges stockte der Verkehr, über den zuvor 68 Prozent der Güter von China in die EU und 82 Prozent von der EU in Richtung China transportiert worden waren. Aber die Route nach Europa ist nicht ohne Alternativen, die Seidenstraße bietet eine Reihe anderer Korridore. China begann daher den Frachtverkehr nach Europa über eine südliche Route zu verstärken, durch Zentralasien, über das Kaspische Meer und die Türkei.

Ankara hat großen Vorteil aus den Auswirkungen des russischen Überfalls auf die Ukraine gezogen. Von Anfang an war

Präsident Erdoğans Politik davon bestimmt, Putins Krieg zu nutzen, um die Machtposition der Türkei auszubauen und Ankara zu einem wichtigen, unabhängigen Spieler zu machen, der selbstbewusst eigene Interessen durchsetzt. Die Anträge Schwedens und Finnlands auf NATO-Mitgliedschaft gerieten zur Hängepartie, weil Erdoğan seine Zustimmung an Bedingungen knüpfte, die ihm den Kampf gegen die kurdische Opposition erleichtern sollen, zumindest einem Beitritt Finnlands stimmte die Türkei schließlich zu. Den westlichen Sanktionen gegen Russland schloss Ankara sich nicht an; das beflügelte den russisch-türkischen Handel, doch türkische Banken mussten bald feststellen, dass ihnen im Ergebnis insbesondere in den USA enorme Schwierigkeiten drohten. Moskau honorierte die Haltung der Türkei, der erlaubt wurde, einen Teil der russischen Energielieferungen künftig in Rubel zu bezahlen. Das schont die knappen Dollarreserven des Landes, die man braucht, um den Kurs der taumelnden Lira zu stützen. Fünf Milliarden US-Dollar überwies Moskau nach Ankara, damit das erste türkische Atomkraftwerk gebaut werden kann – aus russischer Produktion.

Die Türkei hat ihre scheinbare Neutralität auch genutzt, um zu vermitteln. Gemeinsam mit den Vereinten Nationen (und westlichen Ländern im Hintergrund) sorgte sie dafür, dass die von Russland zeitweise blockierten Getreideexporte der Ukraine wieder anlaufen konnten. Im Übrigen muss auch Präsident Erdoğan Rücksichten nehmen: auf den Unmut der Bevölkerung über eine rapide anwachsende russische Präsenz an manchen Orten, auf türkische Interessen in Syrien, die nicht immer im Einklang mit den russischen stehen, und auf die Beziehungen zur Ukraine. Ankara sieht sich als Schutzherr der tatarischen Minderheit, die auf der Krim lebt und seit deren Annexion der Verfolgung durch die russischen

Machthaber ausgesetzt ist. Doch Ankara bot sich ein weiterer starker Partner an, um nicht bloß als Freund Moskaus gesehen zu werden.

DIE SHANGHAI-ORGANISATION

Am 9. September 2022 trafen sich im usbekischen Samarkand die Staats- und Regierungschefs der Mitgliedsländer der »Shanghaier Organisation für Zusammenarbeit« (SCO). 2001 war der Staatenverbund von China zunächst mit dem Ziel gegründet worden, den Kampf gegen den Terrorismus zu koordinieren und regionale Sicherheit zu gewährleisten; weitere Schwerpunkte wurden die Kooperation auf politischem und wirtschaftlichem Gebiet, später wurden gemeinsame Manöver abgehalten. Neben China gehören Russland und die zentralasiatischen Republiken Kasachstan, Kirgistan, Tadschikistan und Usbekistan zu den Mitgliedern, 2017 kamen Indien und Pakistan hinzu. Auf jenem Gipfel in Samarkand wurde nun offiziell das Interesse der Türkei an einer Mitgliedschaft verkündet. Mit einem solchen Schritt würde das NATO-Mitglied Türkei, das schwierige Verhandlungen mit der EU führt, einem Staatenbund beitreten, der von China wie auch Russland prononciert antiwestlich gedacht ist. Auch wenn die Türkei nicht auf alle Zeiten von Präsident Erdoğan regiert werden wird, so wird sie für die NATO wie für die EU doch stets ein schwieriger Partner bleiben.

Der Gipfel in der zentralasiatischen Stadt, die durch ihre Lage an der Seidenstraße früh zu Wohlstand und kultureller Blüte gelangt war, war noch aus anderen Gründen bemerkenswert. Bei solchen Begegnungen, vor allem wenn asiatische Partner beteiligt sind, lohnt es sich, auf das Protokoll zu schauen.

Präsident Xi wurde vom usbekischen Präsidenten persönlich am Flughafen begrüßt, umrahmt von einer Folkloregruppe – Wladimir Putin lediglich vom Ministerpräsidenten, ohne Folklore. Und wie schon bei vorangegangenen Gipfeltreffen behandelte der chinesische Präsident den russischen zwar mit aller Ehrerbietung, gleichzeitig machte er jedoch unmissverständlich klar, dass nicht russische Vorstellungen über die Zukunft der Region den Kurs bestimmen, sondern Chinas Projekt der Seidenstraße. Das betrifft auch Russlands erkennbaren Wunsch, aus der Shanghai-Organisation eine Art »Anti-NATO« zu machen. Dem widersetzen sich insbesondere die wichtigen zentralasiatischen Republiken Usbekistan und Kasachstan, die ihr Verhältnis zum Westen nicht beschädigen wollen und für die der Nutzen regionaler Zusammenarbeit im Vordergrund der Shanghai-Organisation steht.

Auch zum Krieg gegen die Ukraine wollten sich die früheren Sowjetrepubliken nicht positionieren müssen, es gab sogar eher distanzierende Äußerungen zu Russland. Man wolle nicht erneut hinter einem eisernen Vorhang leben, war schon bald nach Kriegsbeginn aus der Führung Kasachstans zu hören gewesen. Westlichen Investoren, die sich gezwungen sahen, Russland zu verlassen, bot die Regierung an, sich doch in Kasachstan anzusiedeln. Dabei hatte es der kasachische Präsident dem robusten Einsatz russischer Fallschirmjäger zu verdanken, dass er sich Anfang 2022, als landesweite Proteste beinah zu seinem Sturz führten, an der Macht halten konnte. Bereits zu diesem Zeitpunkt war der Handel des rohstoffreichen Landes mit China wesentlich größer gewesen als der mit Russland. Zum weiteren Mal bewahrheitete sich damals der Satz, dass Russland zum unbezahlten Wachmann in der zentralasiatischen Firma wird, in der China Geld verdient.

Die Shanghai-Organisation hat Gewicht, aber ihr Zusammenhalt und gemeinsames Handeln wird auch in Zukunft nicht leicht herzustellen sein. Mit Indien und Pakistan sind zwei Nuklearmächte Mitglied, die seit ihrer Gründung in einem erheblichen Spannungsverhältnis zueinander leben. Auch das Verhältnis zwischen China und Indien bleibt von Grenzdisputen bestimmt. Armenien und Aserbaidschan – »Dialogpartner« der Organisation – standen zum Zeitpunkt des Samarkand-Gipfels kurz vor einem neuerlichen Krieg, und zwischen den Mitgliedern Kirgistan und Tadschikistan war es am Tag des Treffens zu Grenzauseinandersetzungen gekommen.

Die Mitglieder der Shanghai-Organisation verbindet nicht einmal ein gemeinsames politisches Ideal; mit Indien gehört immerhin die größte Demokratie der Welt dazu. Die meisten Staaten Zentralasiens, des südlichen Kaukasus und des indischen Subkontinents unterhalten zu westlichen Ländern gute Beziehungen. Verabredungen, die sich aus gemeinsamer Ablehnung des »Westens« ergeben, bilden keine belastbare Grundlage für eine dauerhafte Zusammenarbeit. So bleibt als überragendes gemeinsames Interesse der Shanghai-Partner: vom chinesischen Aufstieg und dessen Versprechungen zu profitieren wie umgekehrt das Interesse Chinas, diese Länder an sich zu binden.

Bei der Wahl der Partner ist die Führungsmacht China letztlich nicht wählerisch. Dies zeigte sich im Beschluss des Samarkand-Gipfels, auch den Iran als neues Mitglied der Shanghai-Organisation aufzunehmen. China hatte sich dem Wunsch Teherans nach Mitgliedschaft lange widersetzt. Der Iran galt als Pariastaat, der wegen seines gefährlichen Nuklearprogramms mit UN-Sanktionen belegt war. Hierdurch war auch Peking gebunden, hierauf konnte es verweisen.

2003 war es Deutschland gelungen, Großbritannien und

Frankreich für eine Initiative zu gewinnen, Verhandlungen mit Teheran über das iranische Atomprogramm aufzunehmen. Nach der amerikanischen Intervention im Irak fürchtete man eine weitere militärische Eskalation in der Region. Sowohl die anderen Mitglieder des Sicherheitsrates als auch der Iran konnten überzeugt werden, die Initiative gemeinsam voranzubringen. Nach schwierigen Verhandlungen stand 2015 ein Abkommen, in dem der Iran sich verpflichtete, sein Atomprogramm zu reduzieren und zu begrenzen. Im Gegenzug wurde eine Aufhebung der Sanktionen vereinbart.

Doch der große Erfolg internationaler Diplomatie scheiterte an – Donald Trump. Er werde einen »besseren Deal« aushandeln als sein Vorgänger Obama, verkündete er, stieg 2018 aus dem Abkommen aus und begann eine Politik des »maximalen Drucks« auf den Iran. Das Ergebnis: Der Iran beugte sich nicht und begann schließlich wieder Uran mit dem erkennbaren Ziel anzureichern, Nuklearwaffen zu produzieren. Mit dem Amtsantritt von Joe Biden kamen erneut Verhandlungen in Gang, doch sie gerieten mit dem 24. Februar 2022 ins Stocken. Im Juli reisten die Präsidenten Putin und Erdoğan zu einem Dreiergipfel nach Teheran, bald tauchten erste Meldungen auf, der Iran könnte die russische Kriegführung mit Drohnen versorgen. Wenig später sollten diese Tod und Verderben über die Ukraine bringen.

Anfang 2023 entdeckten Inspektoren der Internationalen Atomenergiebehörde im Iran Spuren von hochangereichertem Uran, kurz unterhalb der Schwelle, die zum Bau von Nuklearwaffen erforderlich ist. Der Chef der Internationalen Atomenergiebehörde IAEA beruhigte gleichwohl: Bis zur Entwicklung einer Atomwaffe sei es noch »ein langer und auch politisch schwieriger Weg«. Mit einem Besuch in Teheran erreichte er Anfang März eine verstärkte Überwachung des iranischen Programms; die USA teilten mit, sie hätten aktuell keine Hinweise, dass der Iran dabei sei, sein militärisches Atomprogramm voranzutreiben.

Mit der Aufhebung der UN-Sanktionen gegen den Iran war der Weg für Peking frei geworden, das Land in die Shanghai-Organisation aufzunehmen. Doch China, das aus dem Iran günstiges Öl importiert, muss bei der Einbindung Teherans vorsichtig agieren. Die internationale Verflechtung der chinesischen Wirtschaft gebietet es, in keinen allzu direkten Konflikt mit den weitreichenden US-Sanktionen gegen den Iran zu geraten. Das Geschäft mit den USA ist für Peking wichtiger als das iranische Öl.

Die iranischen Medien waren sich sicher, dass der Beitritt ihres Landes zur Shanghai-Organisation nicht zuletzt auch russischem Einfluss zu verdanken war. Die neuerliche Annäherung zwischen Teheran und Moskau dürfte nicht ohne regionale Auswirkungen bleiben. Traditionell fand Russlands Unterstützung für den Iran ihre Grenze in den Sicherheitsinteressen Israels. Das russisch-israelische Verhältnis war in der Vergangenheit wechselhaft, zeitweise jedoch auch gut gewesen. Mehr als eine Million Menschen waren aus der Sowjetunion nach Israel ausgewandert, vor allem nach deren Ende. Nach Beginn des Krieges gegen die Ukraine war die Zahl der Auswanderer aus Russland nach Israel sprunghaft angestiegen. Wann immer in der russischen Geschichte das politische System in Gefahr gewesen sei, warnte der Oberrabbiner von Moskau, habe die Regierung versucht, die Wut und Unzufriedenheit der Massen auf die jüdische Gemeinde umzulenken. Er selbst sah sich unter politischem Druck ebenfalls gezwungen, das Land zu verlassen.

Ausgerechnet die Organisation, die für die Emigration zuständig war, die »Jewish Agency«, wurde im Dezember 2022 von der russischen Regierung geschlossen. Angeblich hatte sie illegal Informationen über russische Bürger gesammelt. Möglich, dass damit ein weiteres Schlupfloch geschlossen werden sollte, durch das junge Männer Russland verlassen konnten, möglich, dass Moskau ein Signal nach Tel Aviv senden wollte, die Ukraine nicht zu unterstützen.

Wie mehrere andere Staaten, war auch Israel von Anfang an bemüht, zum Krieg gegen die Ukraine nicht Stellung nehmen zu müssen. Die Gründe sind nachvollziehbar. Wenn überhaupt jemand außerhalb der Region Einfluss darauf hat, den Beschuss Israels durch Raketen der radikalislamistischen Hisbollah oder der iranischen Revolutionsgarden zumindest phasenweise zu stoppen, dann Moskau – auf dem Umweg über Damaskus und Teheran. Andererseits hatten Äußerungen von Außenminister Lawrow in Tel Aviv früh für erheblichen Unmut gesorgt. Um zu erklären, warum der ukrainische Präsident von der russischen Regierung als Nazi bezeichnet werde, wo er doch Jude sei, hatte der Diplomat sich zu der Aussage verstiegen, die eifrigsten Antisemiten seien in der Regel Juden. Und im Übrigen, so wie das nationalsozialistische Deutschland seinerzeit eine »Endlösung der Judenfrage« angestrebt habe, ziele »der Westen« nun auf eine »Endlösung der Russlandfrage«. Putin musste im persönlichen Gespräch mit dem israelischen Ministerpräsidenten die Irritationen ausräumen.

In Israel zeigt man sich seit Jahren äußerst besorgt über den Ausbau des iranischen Atomprogramms. Moskaus enges Zusammengehen mit Teheran führte dazu, dass der Iran erneut zu einer Gefahr für Israel zu werden drohte. Nach einer Phase gewisser Beruhigung drohte die Situation im Nahen Osten erneut zu einem internationalen Krisenherd zu werden – nicht zuletzt infolge des russischen Angriffs auf die Ukraine.

Die Länder Afrikas und Lateinamerikas, die eingebunden sind in die globale chinesische Strategie, versprechen sich von dieser Partnerschaft Wohlstand, Entwicklung und Fortschritt. Die Chinesen unternehmen viel, die Erwartungen zu erfüllen – zu ihren Bedingungen. Dass die Segnungen mancherorts auch lokalen Führungsriegen zugutekommen, steht auf einem anderen Blatt.

Pekings Vorgehen ordnet sich den beiden wichtigsten Zielen chinesischer Außenpolitik unter: globale Führungsmacht zu werden und den weiteren Aufstieg der chinesischen Wirtschaft voranzutreiben. Aus Sicht der Länder des globalen Südens bietet die Zusammenarbeit mit den Chinesen den wesentlichen Vorteil, dass diese, anders als westliche Partner, gegenüber den politischen Verhältnissen im Land gleichgültig bleiben. »Good governance« ist für ein Engagement Pekings keine Bedingung. Westliche Staaten sehen in guter Regierungsführung hingegen eine wesentliche Voraussetzung dafür, dass Unterstützung so effizient wie möglich erfolgt und die Mittel für die vorgesehenen Zwecke verwendet werden.

Die im Januar 2023 vorgestellte neue deutsche Afrika-Strategie erklärt unter anderem den sozial-ökologischen Wandel der Wirtschaft in Partnerländern, den Erhalt der Biodiversität und die Geschlechtergerechtigkeit zu wesentlichen Grundsätzen. Debatten darüber werden sich die Vertreter in manchen afrikanischen oder lateinamerikanischen Staaten nicht aussetzen wollen und lieber auf konkurrierende Geberländer setzen, wie eben China, das seine Unterstützung an keine Bedingungen knüpft. Scheinbar – denn die von Peking sogenannte »Null-Feinde-Politik« hat gleichwohl ihren Preis. Dieser ist allerdings leicht zu entrichten: ein Bekenntnis zur Ein-China-

Politik. Auch Chinas Erwartung, dass die Partner bei Abstimmungen in den Vereinten Nationen »auf der richtigen Seite« stehen, lässt sich in der Regel erfüllen.

Aber das chinesische Vorgehen beförderte vielerorts ein sehr einseitiges Wirtschaftsmodell: günstig erworbene Rohstoffe gegen chinesische Industrieprodukte. Bereits existierende Textilindustrien brachen zusammen, da chinesische Firmen die örtlichen Märkte mit billiger Kleidung überschwemmten. Große Projekte der Infrastruktur schaffen nicht in dem Maße Arbeitsplätze für die Einheimischen, wie man dies erwarten könnte; oft genug gehen Aufträge an chinesische Firmen, die dann auch noch ihre eigenen Arbeitskräfte mitbringen. Mehr als eine Million Chinesen, so schätzt man, leben inzwischen in Afrika. Besonders kritisch werden chinesische Investitionen im Landwirtschaftssektor gesehen, deren vornehmliches Ziel es ist, neue Anbauflächen zu erschließen, die die Bevölkerung Chinas ernähren sollen. Eine gesicherte Nahrungsmittelversorgung ist eine der Prioritäten der Politik Pekings, zu den wichtigen Lieferanten hatte vor Kriegsbeginn die Ukraine gehört.

Doch griffe eine Kritik zu kurz, die lediglich auf das unbestreitbare Ziel Chinas schaut, Einfluss zu nehmen, Abhängigkeiten zu schaffen und die eigenen Vorteile zu mehren. Die afrikanischen – und ähnlich die lateinamerikanischen – Partnerländer Chinas sehen die Zusammenarbeit mit Peking als ein Verhältnis zum gegenseitigen Nutzen. Das Interesse der Chinesen richtet sich erkennbar auf die reichen Rohstoffvorkommen, dafür bauen sie im Gegenzug Eisenbahnstrecken und Energietrassen, Straßen und Häfen. Investitionen im Mobilfunk- und Internetbereich modernisieren die Kommunikation des Kontinents. 2020 stammten mehr als 25 Prozent der Investitionen in Infrastruktur in Afrika aus China. Die schwach ausgebauten Verkehrswege, vor allem über die Grenzen der ehemaligen europäischen Kolonialreiche hinweg, waren ein wesentliches Hemmnis der Entwicklung des Kontinents. Hinzu kommt die außerordentliche Schnelligkeit, mit der China über Projekte entscheidet und sie dann umsetzt. Die Entwicklungszusammenarbeit in Afrika, räumen Experten ein, sei in zwanzig Jahren der Kooperation mit China wesentlich besser vorangekommen als in sechs Dekaden variierender westlicher Ansätze.

Im Übrigen gilt das Modell Rohstoffe gegen billige Industriewaren heute nicht mehr uneingeschränkt. In der prosperierenden chinesischen Volkswirtschaft sind inzwischen die Löhne gestiegen, und so hat man begonnen, Produktionen im Niedriglohnsektor nach Afrika zu verlagern. Chinesische Unternehmen fertigen in Äthiopien Schuhe, Kleidung und Pharmazeutika, lassen in Lesotho Jeans nähen und in Nigeria Möbel, Lebensmittel und Verpackungen herstellen.

Von Chinas Engagement profitieren auch westliche Firmen. Als ein chinesisches Staatsunternehmen ab 2013 die kenianische Hafenstadt Mombasa und die Hauptstadt Nairobi mit einer neuen Bahnlinie verband, lieferte ein deutscher Baumaschinenhersteller rund ein Fünftel der eingesetzten Bagger. Die neue Strecke erwies sich allerdings als enorme Belastung für den kenianischen Staat. Für den Bau hatte Kenia von China ein Darlehen in Höhe von 3,2 Milliarden US-Dollar erhalten, es war der größte Posten in Kenias Auslandsverschuldung. Eigentlich hätte die Strecke noch nach Uganda weiter ausgebaut werden sollen, doch als klar wurde, dass sie Verluste einfuhr, zog China sich aus der weiteren Finanzierung zurück. »Es fährt ein Zug nach nirgendwo«, spottete Kenias Opposition.

Ein entscheidender Vorteil der großen Infrastrukturprojekte, die China vorantreibt, besteht darin, dass Peking die Finanzierung in der Regel gleich mitbringt, zumindest einen Großteil davon, und dies nicht selten auch zu scheinbar günstigen Konditionen. Und es gibt nicht nur Straßen und Häfen, Eisenbahnen und Internet: Es gibt auch Waffen. Im Zeitraum 2013 bis 2018 fielen die Waffenexporte nach Afrika um 22 Prozent – Chinas Anteil aber verdoppelte sich von 8,6 auf 17 Prozent. Das ging am stärksten zu Lasten Russlands, dessen Rüstungsgüter zu den wenigen Exportschlagern des Landes gehören. Immerhin blieb Russland mit einem Anteil von 39 Prozent der führende Waffenlieferant Afrikas. 11 Prozent entfielen auf die USA.

Es kommen nicht allein chinesische Waffen – es kommen auch chinesische Streitkräfte. 2017 wurde in Dschibuti ein Militärstützpunkt der Volksmarine fertiggestellt. Auch die USA, Frankreich und andere Staaten unterhalten Militärbasen in dem kleinen, strategisch günstig gelegenen Küstenstaat am Horn von Afrika. Doch es ist sicherlich kein Zufall, dass zeitgleich mit dem Aufbau des chinesischen Stützpunkts in Dschibuti die größte Freihandelszone Afrikas entstand und eine neue Eisenbahnstrecke in die äthiopische Hauptstadt Addis Abeba, beides finanziert von China. Peking zeigte sich großzügig mit Krediten auch an dieses Land. Nach Angaben des Internationalen Währungsfonds stieg die Verschuldung Dschibutis von 34 Prozent des Bruttoinlandsprodukts im Jahr 2013 auf 72 Prozent im Jahr 2021. Peking wurde zum größten bilateralen Kreditgeber der Staaten Afrikas, zu oft undurchsichtigen Bedingungen.

Deutschland tritt gegenüber den Ländern Afrikas für eine »Partnerschaft auf Augenhöhe« ein, Antworten auf globale, regionale und nationale Herausforderungen sollen gemeinsam gefunden werden. Neben Fragen der guten Regierungsführung richtet sich die Aufmerksamkeit auch auf Bildung, den Umwelt- und Klimaschutz und auf die nachhaltige Gewinnung und Nutzung von Energieressourcen und Rohstoffen. Gleiche

Schwerpunkte gelten in der deutschen Entwicklungszusammenarbeit mit Lateinamerika, wo unverändert fast 30 Prozent der Bevölkerung in relativer Armut leben, und den Ländern Asiens, die eine teils sehr unterschiedliche Entwicklung nehmen. Verstärkt haben der Bundeskanzler und führende Mitglieder der Regierung jene Weltregionen besucht, unsere Partnerschaft bestärkt und zugleich für die Sicht geworben, dass der russische Angriffskrieg eine fundamentale Herausforderung darstellt, die jeden Staat betrifft.

Als Reaktion auf das chinesische Vorgehen in Afrika belebte Präsident Biden eine Initiative seines Vorgängers Barack Obama neu und lud 49 afrikanische Staats- und Regierungschefs im Dezember 2022 zu einem dreitägigen Gipfel ins Weiße Haus. Die USA, kündigte er an, wollten in den kommenden Jahren 55 Milliarden Dollar in Afrika investieren, unter anderem für den Ausbau von Straßen, Internet und erneuerbare Energien. Zudem sollten 2,5 Milliarden Dollar an Nahrungsmittelhilfe geleistet werden – der Krieg gegen die Ukraine hatte auch in Afrika zu steigenden Lebensmittelpreisen geführt. Wichtig dürfte den afrikanischen Partnern die Stärkung ihrer internationalen Rolle sein: Der amerikanische Präsident sprach sich für einen ständigen Sitz Afrikas im UN-Sicherheitsrat aus und für eine Mitwirkung der Afrikanischen Union in den G20. Bislang ist dort Südafrika das einzige Mitglied des Kontinents.

GRENZEN DER GLOBALEN EXPANSION CHINAS

Nicht alles, was in Peking sorgfältig geplant sein mag, gelingt, nicht alles, was dort strategisch zweifellos bis ins Letzte durchdacht wurde, hält der Komplexität der Wirklichkeit stand.

Chinas globale Visionen stoßen immer wieder an Grenzen. Zwei Beispiele aus der jüngsten Zeit verdeutlichen das.

Am 9. Juli 2022 stürmten Tausende aus dem ganzen Land angereiste, wütende Demonstranten den Präsidentenpalast in Colombo, der Hauptstadt Sri Lankas. Präsident Rajapaksa floh ins Ausland und erklärte seinen Rücktritt. Schon zwei Monate zuvor war der Rücktritt des Ministerpräsidenten erzwungen worden – des Bruders des Präsidenten. Die Corona-Pandemie, vor allem aber eine verfehlte Wirtschaftspolitik der korrupten Führung des Landes hatten den Inselstaat in die schwerste Wirtschaftskrise seiner Geschichte gestürzt. Devisen waren so knapp geworden, dass selbst Medikamente, Treibstoff und Grundnahrungsmittel nicht mehr in ausreichender Menge importiert werden konnten. Sri Lanka war bankrott, es konnte seine Schulden nicht mehr bedienen.

Größter einzelner Geldgeber war China, das offiziell zwar nur einen Anteil von 10 Prozent an den Auslandsschulden des Landes hatte, de facto aber wohl gegen 20 Prozent, rechnete man die Kredite hinzu, die chinesische Banken für Projekte im strategischen Interesse ihrer Regierung gegeben hatten. Die Insel, 5.000 Kilometer Luftlinie von China entfernt, liegt strategisch günstig auf dem Weg von Ostasien nach Afrika und an den Persischen Golf. Große Infrastrukturprojekte waren begonnen worden: Colombo Port City, eine Sonderwirtschaftszone mit Finanzzentrum auf aufgeschüttetem Land am Hafen der Hauptstadt, der Tiefseehafen Hambantota im Süden des Landes und ganz in der Nähe der internationale Flughafen Mattala. Alles finanziert mit chinesischem Geld und ausgeführt von chinesischen Firmen.

Doch mit der Fertigstellung von Colombo Port City wird nun in frühestens zwanzig Jahren gerechnet, der neue Hafen macht Verluste, und der Flughafen wird kaum angeflogen. Als die Regierung Sri Lankas die Kredite für den Hafen 2016 nicht länger bedienen konnte, wurde er für 99 Jahre an ein chinesisches Staatsunternehmen verpachtet. Doch auch dieser teilweise Souveränitätsverzicht verschaffte dem Land nur für wenige Jahre Luft.

Was von westlichen Analysten gern als »chinesische Schuldenfallen-Diplomatie« bezeichnet wird (der Begriff stammt von einem indischen Experten), funktioniert nicht ohne entsprechend marode Strukturen vor Ort: mangelnde Transparenz und Rechtsstaatlichkeit, Korruption und Vetternwirtschaft. So war die wachsende chinesische Einflussnahme auf Sri Lanka eng verknüpft mit den Interessen der Familie Rajapaksa: Colombo Port City war ihre Idee, der Hafen wie der Flughafen liegen zufällig in ihrer Heimatregion. Als Sri Lanka dann bankrott war, wurde China nicht nur von der Regierung in Colombo gedrängt, sich entgegenkommend zu zeigen. Peking zeigte sich äußerst zögerlich; zu einem Zeitpunkt, zu dem die Verschuldung von Entwicklungs- und Schwellenländern infolge der Corona-Pandemie weltweit besorgniserregend angestiegen war, wollte man keinen Präzedenzfall schaffen. Peking will auch vermeiden, dass offengelegt wird, in welchem Umfang man Ländern des Südens Geld geliehen hat. Doch gerne sprang Indien mit Soforthilfe ein. Sri Lanka liegt nur fünfzig Kilometer von der Küste des Bundesstaates Tamil Nadu entfernt, und New Delhi ist das Agieren Pekings in seiner direkten Nachbarschaft schon seit langem ein Dorn im Auge.

Wieder einmal musste Colombo sich an den Internationalen Währungsfonds wenden, jene Sonderorganisation der Vereinten Nationen, die Kredite an Länder vergibt, die in Zahlungsschwierigkeiten geraten. Der IWF ist ein unbeliebter Partner, denn er knüpft seine Hilfsleistungen an harte Bedingungen – etwa an die Bekämpfung von Korruption. Und er wird gerne dafür kritisiert, dass er unter dominierendem Einfluss des Westens steht. Die Stimmrechte im IWF machen sich am Umfang der Beteiligung der Mitgliedsländer an den Hilfsprogrammen fest – daher haben sowohl die USA als auch die EU eine Sperrminorität. Der Anteil Chinas ist nur wenig größer als der Deutschlands und kleiner als der Japans. Anfang September 2022 hatten sich der IWF und Sri Lanka auf ein Hilfsprogramm geeinigt, dessen Umsetzung jedoch daran gekoppelt ist, dass die Gläubiger des Landes mitziehen. Während Indien sich hierzu bereit erklärte, schleppte die Zusage Chinas sich bis März 2023 hin.

Der zweite Fall betraf ein direktes Nachbarland Chinas – und wiederum Indiens: Pakistan. 2015 hatten Peking und Islamabad eines der ehrgeizigsten Projekte im Rahmen der Seidenstraßen-Initiative vereinbart: den »China-Pakistan Economic Corridor«, der Pakistan in seiner gesamten Länge mit einer Vielzahl von Projekten der Verkehrsentwicklung und Energieinfrastruktur durchqueren und China einen direkten Zugang zum Indischen Ozean ermöglichen soll. Chinas globaler Anspruch trifft sich mit den Interessen eines der bevölkerungsreichsten Länder der Erde, das unter unzulänglichen Transportwegen und chronischem Energiemangel leidet.

Auf Wunsch Pakistans sollen vermehrt auch Projekte zur Nutzung erneuerbarer Energien entstehen, das Land ist zunehmend mit den Auswirkungen des Klimawandels konfrontiert. Im September 2022 stand ein Drittel des Landes infolge ungewöhnlich starker Monsun-Regenfälle unter Wasser. Und kaum ein Land des Südens litt derart unter den Auswirkungen des Ukrainekrieges. Bis Anfang 2022 war Pakistan einer der größten Importeure ukrainischen Getreides gewesen, dessen Ausfuhr Russland zu unterbinden suchte – um Pakistan im November großzügige Lieferungen aus eigenen Beständen in

Aussicht zu stellen (von denen nie ganz klar war, wie viel davon aus Gebieten stammte, die Russland in der Ukraine besetzt hatte).

Pekings Interesse an Pakistan ist wirtschaftlich, aber vor allem auch machtpolitisch motiviert. Man will nicht allein seinen Einfluss beim Rivalen Indiens ausweiten, sondern auch verhindern, dass sich in Pakistan islamisch motivierte extremistische Tendenzen ähnlich wie in Afghanistan ausweiten, die dann möglicherweise auf die Provinz Xinjiang übergreifen könnten. Die dort lebenden Uiguren, ein muslimisches Turkvolk, das von Peking rücksichtslos unterdrückt wird, haben in der Vergangenheit auch aus Pakistan heraus operiert.

Der »China-Pakistan Economic Corridor« dient Chinas wirtschaftlichen wie strategischen Interessen, aber er ist grundsätzlich auch geeignet, die Entwicklung Pakistans entscheidend voranzubringen – so es gelingt, ihn zu realisieren. Einstweilen entwickelt er sich zu einer enormen Last für das muslimische Land, dessen Kräfte das Projekt übersteigen könnte. Zu den genannten Herausforderungen kommen auch hier instabile politische Verhältnisse hinzu, eine übergroße Rolle von Militär und Sicherheitsdiensten, mangelhaft funktionierende Staatlichkeit und Korruption. Die Verschuldungssituation des Landes hat sich kontinuierlich verschlechtert. Mithilfe der Gruppe der G20-Staaten konnten wesentliche Teile des Schuldendienstes 2020 und 2021 zwar ausgesetzt werden, bis 2027 werden diese allerdings, nochmals verzinst, zurückgezahlt werden müssen, zusätzlich zum laufenden Schuldendienst. 2023 beträgt dieser 21 Milliarden US-Dollar, zwei Drittel davon schuldet Pakistan dem chinesischen Staat und chinesischen Banken.

Wird China bereit und auch in der Lage sein, durch Schuldenerlass oder neue Gelder überall dort auszuhelfen, wo es sich mit enormen Krediten politisch, wirtschaftlich und finanziell exponiert hat? Einer Studie des Kieler Instituts für Weltwirtschaft von Anfang 2023 zufolge waren 60 Prozent aller Kredite, die China an Schwellen- und Entwicklungsländer vergeben hatte, von einem Zahlungsausfall bedroht. Angola oder Ecuador können ihre Schulden durch Öl-Exporte begleichen – eine Chance, die nur wenigen Gläubigern Pekings gegeben ist. Wie das Beispiel Sri Lankas zeigt, bleibt vielen von ihnen als letzter Ausweg nur, ihre Infrastruktur zu verpfänden und sich in politische Abhängigkeit zu begeben.

DEGLOBALISIERUNG?

Der Effekt der Globalisierung war für alle Beteiligten in Summe vorteilhaft gewesen: Aus Entwicklungs- wurden Schwellenländer, die ein teilweise dynamisches Wachstum verzeichneten, im positiven Fall mit Auswirkungen nicht nur auf den Lebensstandard, sondern auch auf den Stand von Bildung und Ausbildung. Der Wohlstand vieler Länder wuchs, auch in Deutschland. An den erwähnten Beispielen aus Afrika, Sri Lanka und Pakistan werden jedoch die Schattenseiten der Globalisierung deutlich. Dazu gehören Kinderarbeit und Lohnsklaverei an neuen Produktionsstandorten ebenso wie der Raubbau an natürlichen Ressourcen ohne Rücksicht auf Folgen für die natürliche Umwelt.

Neue Entwicklungen kamen hinzu, die die Globalisierung insgesamt infrage zu stellen schienen. 2020 verabschiedete die chinesische Führung die »Strategie der Zwei Kreisläufe«, die das Land weniger abhängig machen soll vom Warenaustausch vor allem mit den westlichen Ländern, insbesondere den USA. Ein innerer Kreislauf soll den Binnenkonsum verstärken und dadurch längerfristig auch die Export-Abhängigkeit des Landes reduzieren, ein äußerer Kreislauf sicherstellen, dass das Land weniger darauf angewiesen ist, High-Tech-Güter zu importieren. Die Corona-Pandemie führte uns vor Augen, wie abhängig zugleich der Westen geworden war von Pharmazeutika aus Indien und Schutzmasken aus China. Die gegenüber den eigenen Menschen rücksichtslose Entscheidung der chinesischen Regierung, der Corona-Pandemie durch monatelange kategorische Abriegelungen zu begegnen, ließ internationale Lieferketten ins Stocken geraten, was gravierende Folgen hatte für unsere Wirtschaft, deren Produktion auf das punktgenaue Eintreffen von Zulieferungen aufgebaut ist – »just in time«. Wenig später zeigte Russlands Krieg gegen die Ukraine auf, wie sehr wir uns mit unserer Energieversorgung in Abhängigkeit begeben hatten. Die Möglichkeit zur politischen Erpressung erwies sich als die dunkle Kehrseite einer globalisierten Wirtschaft, die Abhängigkeiten bewusst in Kauf genommen hatte. War die Globalisierung bislang fast ausschließlich auf wirtschaftliche Vorteile ausgerichtet, so traten jetzt Überlegungen nationaler Sicherheit in den Vordergrund.

Rasch bestimmte ein neues Schlagwort die ökonomische und die politische Debatte: Deglobalisierung. Neue Modelle wurden diskutiert: Statt die Produktion in andere Länder zu verlagern, müsse man sie zurückholen, vom »offshoring« auf »re-shoring« umstellen und sich zumindest beim Bezug essenzieller und strategischer Güter künftig nur noch auf tatsächliche Verbündete verlassen (»friend-shoring«). Aber kann es richtig sein, von dem einen Extrem ins andere zu fallen und sich in die Zeit voneinander abgeschotteter Wirtschaftsräume zurückzusehnen? »Take back control – lasst uns die Dinge wieder in die eigene Hand nehmen«: Der Slogan der Befürworter des Brexit richtete sich zwar nicht primär auf wirtschaftliche

Autarkie. Aber mit dem Wohlstand der Insel geht es seit dem Austritt aus der EU bergab. Großbritannien werde 2023, so der IWF, die schwächste Wirtschaftsleistung aller europäischen Länder erbringen.

Der Verlust von Arbeitsplätzen in traditionellen Wirtschaftssektoren führte zu wachsendem Unmut über die Globalisierung und Widerspruch auch in den Industrieländern. Menschen erlebten nicht nur Verarmung, sondern empfanden die Globalisierung zunehmend auch als Fremdbestimmung ihres Schicksals.

Und schon immer gab es politische Kräfte, die versuchten, daraus Kapital zu schlagen. Das eingängige Versprechen, Arbeitsplätze zurückzuholen und Schutzwände für die heimische Wirtschaft hochzuziehen, trug 2016 entscheidend zum Wahlerfolg von Donald Trump bei. Mit den unter seiner Regierung beschlossenen Subventionen, Zöllen und nationalen Regelwerken wollte man eine Entwicklung umkehren, deren Ziel einmal ein freier Welthandel gewesen war.

Aber die Verflechtungen sind zu dicht geworden, die Abhängigkeiten zu groß, als dass sich die Uhr zurückdrehen ließe. Unbestrittene Vorteile des Freihandels würden aufgegeben werden. Eine Beschränkung des Austauschs auf wenige ausgewählte Länder oder Regionen würde neue Abhängigkeiten schaffen, die Möglichkeiten, auf andere Regionen und deren Ressourcen auszuweichen, würden schrumpfen. Es käme zu einem Wettlauf protektionistischer Maßnahmen, in dem die wirtschaftlich Starken ihren Handel mit Subventionen stützen würden, zu Lasten Schwächerer. Das internationale Regelwerk der Welthandelsorganisation und andere multilaterale Verabredungen, die ohnehin schon in der Defensive sind, würden weiter Schaden nehmen.

Bei uns ins Deutschland gibt es drei Rohstoffe in ausreichender Menge, uns selbst zu versorgen: Salz, Sand – und Braunkohle, die wir nicht länger nutzen wollen. Weil dem so ist, werden wir weiterhin darauf angewiesen bleiben, Forschung, Innovation und Erfindergeist zu nutzen, um Fortschritt und Wohlstand zu gewährleisten. Diese Leistungen müssen wertgeschätzt und gefördert werden, sie brauchen freie Räume zur Entfaltung und zum Austausch. Damit aus Ideen Qualitätsprodukte und wirtschaftlicher Erfolg werden, bedarf es eines politischen, wirtschaftlichen und sozialen Rahmens, der Anreize schafft, Gewinne erlaubt und nicht aus dem Auge verliert, dass Solidarität nicht nur eine Frage der Gerechtigkeit ist, sondern auch die Voraussetzung dafür, dass sich kreative Kräfte entfalten können. Und als Exportnation brauchen wir die Vorteile eines freien Handels.

Wer die eigenen Märkte abschotten und Produktion heimholen will, weil er glaubt, dies liege im eigenen Vorteil, lässt außer Betracht, welche Fortschritte die Globalisierung eben gerade für Länder auf dem Wege der Entwicklung gebracht hat, Länder in Afrika, Lateinamerika oder Südostasien, die sich zu industrialisieren eben erst anschicken. Die Direktorin des Internationalen Währungsfonds hat es unlängst auf den Punkt gebracht: »Die wirtschaftliche Integration hat Milliarden von Menschen geholfen, wohlhabender, gesünder und besser gebildet zu werden. Seit dem Ende des Kalten Krieges hat sich die Größe der Weltwirtschaft etwa verdreifacht, und fast anderthalb Milliarden Menschen wurden aus extremer Armut befreit. Diese Friedens- und Kooperationsdividende sollte nicht vergeudet werden.« Länder, auf die dies zutrifft, sind in hohem Maße abhängig von internationaler Verflechtung, weil sie anders als wir nicht die Kraft haben, ihre Vorstellungen durchzusetzen oder gar Standards zu schaffen.

Auch wenn der Austausch von Gütern und Rohstoffen in

seiner bisherigen Form an Grenzen gestoßen ist, so gibt es doch gleichzeitig nicht ausgeschöpfte und teils neue Möglichkeiten des Austauschs von Dienstleistungen und immateriellem Kapital wie Patenten, Software, Ausbildung. Bis vor Kurzem gab es in Indien nur Callcenter, die uns zugearbeitet haben. Heute setzen viele Unternehmen auf indische IT-Experten oder lagern ihre Lohnbuchhaltung und Personalverwaltung in andere Länder aus. Erkenntnisse zu alternativen Energieträgern und neuen Technologien lassen sich am besten im ungehinderten grenzüberschreitenden wissenschaftlichen und wirtschaftlichen Austausch gewinnen.

Corona-Pandemie und Ukrainekrieg, die beiden großen Krisen der zurückliegenden Jahre, erweisen sich auch als wesentliche Treiber des Wandels und der Neuerung. Mit der rasanten Verbreitung der Telearbeit leitete die Corona-Pandemie eine Revolution der Arbeitswelt ein; der Ukrainekrieg beschleunigte den Weg zum Einsatz erneuerbarer Energien und zur Unabhängigkeit bei der Energieversorgung. Gleichzeitig ging die Entwicklung im Bereich der künstlichen Intelligenz in Meilenschritten voran. Alle drei Bereiche bergen gerade auch für Länder auf dem Wege der Entwicklung ungeahnte Chancen.

Angesichts der durch Pandemie und Krieg bedingten Verwerfungen der zurückliegenden Jahre dürfte sich jedoch die Natur der Globalisierung ändern. Unser Wirtschaftsmodell hat sich als verwundbar erwiesen; es muss durch Diversifizierung, eine breitere Aufstellung von Lieferketten, Produktionsstandorten und Märkten widerstandsfähiger werden – »resilienter«. Damit Störungen zukünftig weniger gravierende Auswirkungen haben, müssen unsere Verwundbarkeiten identifiziert und Reaktionen für den Fall neuerlicher Verwerfungen vorbereitet werden. Viele Unternehmen haben bereits reagiert, ihre Zulieferungen breiter aufgestellt und ihre Lager vergrößert. Unternehmen, die sich bei einzelnen Lieferanten oder Kunden in problematischen Ländern zu stark exponieren, sollten nicht darauf vertrauen dürfen, dass der Staat sie am Ende schon heraushaut.

Zwar wird es sich vor dem Hintergrund der aktuellen Entwicklungen und im Lichte zunehmender Konkurrenz der politischen Systeme nicht vermeiden lassen, dass die Welt und damit die Weltwirtschaft sich stärker fragmentiert. Die großen Handelsmächte – USA, China und wirtschaftlich eng verbundene Regionen wie die EU – werden aber auch die neue Phase der Globalisierung prägen. Andere Regionen in Afrika, Lateinamerika und Asien sind daher bestrebt, den gleichen Weg zu gehen und ebenfalls, wie wir Europäer, integrierte Handelsräume zu schaffen. Wenn die Zukunft stärker von regionalen Räumen bestimmt sein wird, müssen unsere Bemühungen sich darauf richten, die Zusammenarbeit zwischen diesen zu gestalten.

Richtigerweise hat sich die Europäische Union daher in jüngster Zeit verstärkt bemüht, zu entsprechenden Verabredungen zu kommen, so mit dem südostasiatischen Staatenverbund ASEAN, der lateinamerikanischen Mercosur-Gruppe und Regionalgruppierungen in Afrika. In der sogenannten »Ottawa Gruppe« arbeitet die EU mit Industrie- und Schwellenländern zusammen – mit Australien, Japan und Kanada, mit Brasilien, Chile und Kenia –, um bei der Welthandelsorganisation (WTO) gemeinsam neue Initiativen anzustoßen, beispielsweise zum erleichterten Handel mit Gesundheitsprodukten. Die Entwicklungs- und Schwellenländer drängen insbesondere auf ein Arbeitsprogramm für den Agrarhandel. Ganz oben auf der Agenda steht eine globale Verständigung darüber, wie der Ausstoß von Treibhausgasen zum Kostenfaktor wird. Ländern, die noch wirtschaftlich schwach und von den Folgen des Klimawandels besonders betroffen sind, müssen wir auf ihrem Weg weiter beistehen.

In vielen Ländern des globalen Südens verfügen wir durchaus über Vertrauenspotenzial, auch sie wollen keinen neuen Kalten Krieg. Sie sind interessiert an einer Welt, die nach verlässlichen Regeln funktioniert und daran, sich nicht einseitig auf die Seite der USA oder Chinas schlagen zu müssen. Deswegen war es eine richtige Idee der Bundesregierung, zum Gipfeltreffen der G7 in Elmau im Juli 2022 auch die Staatschefs Indonesiens und Indiens einzuladen, den aktuellen und den kommenden Vorsitzenden der G20, Senegal als Vorsitzenden der Afrikanischen Union und Argentinien, das zu diesem Zeitpunkt der Gemeinschaft lateinamerikanischer und karibischer Staaten vorstand.

Aus der zu erwartenden Fragmentierung des freien Handels und des Austauschs von Wissen ergibt sich eine Gefahr: der Niedergang großer, global gedachter Verabredungen und Institutionen. 2001 trat China der Welthandelsorganisation WTO und ihren Statuten bei, ihren Regeln mag Peking sich gleichwohl nicht beugen; die USA sehen die WTO heute daher eher als Problem denn als Teil der Lösung. Die Unterstützung durch den Internationalen Währungsfonds und die Weltbank wird von den meisten Ländern, wie gesagt, eher widerwillig und nur im äußersten Notfall akzeptiert. Die eigentlich wichtigste und mächtigste internationale Organisation blieb im Krieg gegen die Ukraine als politisches Instrument praktisch abwesend: die Vereinten Nationen.

Im Regelwerk der WTO ist der Umgang mit staatskapitalistischen Volkswirtschaften wie China nicht vorgesehen, es bedarf der Modernisierung. China profitiert noch immer vom Status eines Entwicklungslandes, woraus sich nicht länger gerechtfertigte Zollvorteile ergeben. Aber zugleich ist China an einem funktionierenden, regelbasierten internationalen Handelssystem interessiert. Peking in eine Debatte über die längst überfällige Reform der WTO einzubeziehen ist also der Mühe wert. Die EU mit ihren fast 450 Millionen Einwohnern und ihrer großen Wirtschaftsmacht darf sich in dieser Debatte durchaus selbstbewusst zeigen. Voraussetzung einer Reform der WTO ist eine Verständigung mit den USA darüber, wie der Herausforderung China am besten zu begegnen ist. Wenn Peking es unseren Unternehmen erschwert, auf seinem Markt gleichberechtigt zu handeln, und gleichzeitig versucht, über bevorzugte Staatsunternehmen, die eben auch politische Instrumente sind, dominierenden Einfluss zu gewinnen, dann dürfen wir diesen eben auch Grenzen setzen. China profitiert enorm vom global vernetzten Wirtschaftssystem, also muss es auch sein eigenes System so gestalten, dass es anderen faire Chancen eröffnet.

China ist wirtschaftlicher Wettbewerber *und* systemischer Rivale. Doch auf Zumutungen Pekings allein mit neuen Handelsbarrieren oder Zöllen zu reagieren, Wirtschaftsbeziehungen zu kappen und Produktionen nach Hause zu verlegen, wie dies zurzeit quer durch die politischen Lager in den USA propagiert wird, verkennt die Chancen der Zusammenarbeit. Eine vollständige Entkopplung von China wird nicht möglich sein und ist nicht sinnvoll. Wir brauchen China auch als Partner – nicht zuletzt im Kampf gegen den Klimawandel. Wir müssen einen nüchternen Blick auf diese Wirklichkeit werfen, im Bestreben, sie nach unseren Vorstellungen mitzugestalten, bei Standards und Regeln, Schutz geistigen Eigentums und der Gestaltung nachhaltigen Wachstums, bei der Wahrung von Vorteilen für alle Seiten. Differenzen und Unterschiede gilt es dabei zu akzeptieren, was nicht im Widerspruch zu einer wertegeleiteten Politik stehen muss. Es wird immer von Neuem darauf ankommen, die Balance zu finden zwischen Kooperation, Wettbewerb und Konfrontation. Und Ausschau zu halten nach neuen Partnern, neuen Märkten und Standorten für die Produktion.

WIRD CHINA SEINE PROBLEME LÖSEN KÖNNEN?

Zurück zu den Zahlen, die das chinesische Statistikamt am 17. Januar bekannt gab: 3 Prozent statt der ausgegebenen 5,5 Prozent Wachstum 2022 und ein Bevölkerungsrückgang um 850.000 Menschen. Für 2023 prognostizierte der Internationale Währungsfonds für China wieder ein Wachstum von 5 Prozent oder mehr, fügte jedoch einschränkend hinzu, dass dies auch von der Bewältigung der Pandemie und der Risiken im Immobiliensektor abhänge. Wird China insgesamt zu jener wirtschaftlichen Stärke zurückkehren, mit der es die Welt in den vergangenen Jahrzehnten so beeindruckte? Sie ist die Voraussetzung dafür, dass die Machthaber die Kontrolle über das Riesenreich und seine Entwicklung behalten. Wachsender Wohlstand im Gegenzug für politisches Wohlverhalten – das ist die ungeschriebene Vereinbarung der Führung mit dem Volk.

Wirtschaftliches Wachstum erfordert aber nicht nur technische Innovation und zunehmende Produktivität – ein immer besseres Verhältnis eingesetzter Mittel zum wirtschaftlichen Ertrag –, sondern auch eine ausreichende Anzahl von Arbeitskräften. Hier liegt die große Gefährdung der künftigen Entwicklung Chinas. Denn der Bevölkerungsrückgang 2022 ist kein Ausrutscher, sondern markiert den Beginn einer Entwicklung, die sich fortsetzen und intensivieren wird. Die bis 2016 praktizierte Ein-Kind-Politik hatte nicht nur zu einem erheblichen Überschuss an männlichen Nachkommen geführt – da nur ein Kind gestattet war, wurden weibliche Föten häufig abgetrieben –, sondern auch zu veränderten gesellschaftlichen Rahmenbedingungen. Insbesondere die jungen Frauen in den Städten sind heute nicht bereit, dem von der Führung inzwischen propagierten Ideal der Drei-Kinder-Familie zu folgen. Auch können die meisten Menschen gerade in den Städten sich mehrere Kinder nicht leisten, zu hoch sind die Kosten für Lebenshaltung – und für den bereits im Grundschulalter erforderlichen Nachhilfeunterricht, damit das Kind es eines Tages auf die Universität schafft.

Die Produktivität der chinesischen Wirtschaft lässt nach, ihr Wachstum bleibt unbefriedigend und die Bevölkerungszahl sinkt – dies sind große Herausforderungen, vor der die Politik von Staats- und Parteichef Xi Jinping steht. Sicherheit spielt in seinem Denken eben eine übergeordnete Rolle, in der Politik der Partei hat es Vorrang gewonnen vor wirtschaftlichem Aufstieg: Sicherheit im Innern, perfektioniert durch eine Orwell'sche Kontrolle jedes Einzelnen und seines Tuns, und Sicherheit nach außen. Dem soll auch das erwähnte Modell der zwei Kreisläufe dienen. In der Praxis ist damit offensichtlich auch eine Rückkehr zu alten Methoden verbunden, weg von der Reform- und Öffnungspolitik Deng Xiaopings, zurück zum Dirigismus. Dieser zeigt sich exemplarisch bei zunehmenden staatlichen Eingriffen in Chinas produktivstem Sektor, der Technologiebranche.

Die vom IWF für 2023 prognostizierten 5 Prozent Wirtschaftswachstum sind Ökonomen zufolge das Minimum, das China benötigt, um seinen Aufstieg hin zu einem entwickelten Land weiterzugehen. Wenn Wachstum verlangt, dass mehr Arbeitskräfte mehr Kapital effizient verwenden, hat China ein Problem – denn mehr Arbeitskräfte wird es nicht geben, und Fachkräfte im Ausland anzuwerben, steht China nicht im Sinn. Und die Fähigkeit, mehr Kapital einzusetzen, steht gleichermaßen infrage. Denn China hat ein gigantisches Verschuldungsproblem, nicht zuletzt wegen seiner globalen Ambitionen. Verschuldung kann durchaus funktionieren, wenn ein Land sich überwiegend bei sich selbst verschuldet – dies hat China getan – und die Verschuldung dazu beiträgt, die Produktivität zu erhöhen. Doch im letzten Jahrzehnt hat sich die staatliche Verschuldung fast, die der privaten Haushalte sogar mehr als verdoppelt.

Da in China der Erwerb von Immobilien als Anlage zur Alterssicherung eine große Rolle spielt, entstand ein ungeheurer Bauboom, der sich zur Immobilienblase entwickelte. Baufirmen und Entwickler gerieten in Zahlungsschwierigkeiten, der Immobilienkonzern Evergrande hatte im September 2021 offene Verbindlichkeiten in Höhe von 2 Prozent des chinesischen Bruttoinlandsprodukts, es kam zu Protesten empörter Anleger. Der Gründer und Eigentümer, zuvor zweitreichster Mann Asiens, steckte fast sein gesamtes Vermögen in die Rettung des Konzerns, der gleichwohl weiter eine riesige, gefährliche Welle von Schulden vor sich herschiebt. Müsste der chinesische Staat hier eingreifen, würde dies seine finanziellen Möglichkeiten stark strapazieren.

China hat in der Vergangenheit enorme Herausforderungen und Probleme erfolgreich bewältigt. Aber die Voraussetzungen, dass dieser Weg fortgesetzt werden kann, sind schwieriger geworden. Es ist nicht auszuschließen, dass das Reich der Mitte seine globalen Ansprüche vorübergehend zurückschraubt und sich wieder stärker auf sich selbst konzentriert. Am Selbstverständnis Pekings ändert sich damit nichts.

Chinas Anspruch, die Weltgeschicke nicht nur mitzubestimmen, sondern zu dominieren, das große Ringen Chinas mit den USA und die Gefährdungen, die davon ausgehen, führen dazu, dass das zweite Riesenland Asiens in der Regel viel weniger Aufmerksamkeit erfährt, als es verdient: Indien. New Delhis Entscheidung, zum russischen Angriffskrieg gegen die Ukraine nicht eindeutig Stellung zu beziehen, wurde von vielen westlichen Politikern und Beobachtern mit Unverständnis, ja Unmut registriert. Zähle man die Bevölkerungen Chinas und Indiens und einiger anderer Länder des globalen Südens zusammen, so war auch bei uns zu hören, dann stehe der Großteil der Weltbevölkerung eben nicht »auf unserer Seite«.

Doch gerade an der Position Indiens lässt sich gut illustrieren, dass Arithmetik nicht der geeignete Schlüssel ist, um zu belastbaren Aussagen über internationale Beziehungen und Kräfteverhältnisse zu gelangen. Eine Vielzahl von Faktoren bestimmt, wie ein Land sich zu einer internationalen Entwicklung in einer bestimmten Situation verhält. Abhängigkeiten und wirtschaftliche Interessen spielen hierbei eine ebenso wichtige Rolle wie Nachbarschaften, historische Erfahrungen und politische Traditionen. Als Indien sich in den Abstimmungen in den Vereinten Nationen, die den russischen Angriff verurteilten, anders als die überwältigende Mehrheit der Staatengemeinschaft der Stimme enthielt, billigte es damit keineswegs das russische Vorgehen.

In einer Parlamentsdebatte am 6. Mai 2022 erinnerte Indiens Außenminister daran, dass Grundlage der gegenwärtigen Weltordnung die Charta der Vereinten Nationen, der Respekt für das Völkerrecht, die Souveränität und territoriale Integrität aller Staaten bleiben müsse. Ministerpräsident

Modi bekräftigte diesen Standpunkt kurze Zeit später bei Besuchen in mehreren europäischen Hauptstädten, darunter Berlin. Als Indiens Regierungschef sich am 16. September 2022 am Rande des Treffens der Shanghai-Organisation in Samarkand mit Wladimir Putin traf, sagte er zu ihm vor laufender Kamera: »Ich weiß, dass unsere Ära nicht die Ära des Krieges ist, das habe ich Ihnen schon am Telefon gesagt.« Er kenne die Bedenken des indischen Ministerpräsidenten, wich Russlands Präsident aus, man tue alles, um den Konflikt so schnell wie möglich zu beenden.

Indien teilt mit dem Westen die fundamentalen Regeln des Völkerrechts, priorisiert die Ziele der Außenpolitik aber anders als wir. Bestimmend ist die schwierige Nachbarschaft mit China und Pakistan. Sein Verhältnis zu diesen Nachbarn ist durch Territorialstreitigkeiten und Grenzkonflikte bestimmt, die die Geschichte des Landes seit jeher begleiten. Der Streit um die von beiden beanspruchte Provinz Kaschmir hat zu mehreren Kriegen zwischen Indien und Pakistan geführt und schwelt bis heute. 2020 kam es auch zwischen Indien und China erneut zu einem gewaltsamen Grenzzwischenfall in der Region Sikkim – einem ehemals weitgehend autonomen Land, das Indien sich 1975 einverleibt hatte. Nicht zuletzt rivalisieren die Nachbarn um die Nutzung des Brahmaputra, des wasserreichsten Stroms Asiens, der in China entspringt und lebenswichtig ist für die Versorgung auf dem indischen Subkontinent.

Wichtig ist für Indien aber auch das Verhältnis zu Russland, auf das wiederum die russisch-chinesischen Beziehungen erheblichen Einfluss haben. In dem Maße, wie Wladimir Putin sein Land schwächt, wächst die Gefahr eines noch engeren Zusammengehens von Moskau und Peking, das heißt einer noch größeren Abhängigkeit Russlands von China. Also ist New Delhi bestrebt, den Gegensatz zu Russland, zu dem man im Prinzip stets gute Beziehungen unterhalten hat, nicht zu vergrößern.

Eine wichtige Rolle spielen auch hier Rüstungsgüter, Russlands zweitwichtigstes Exportprodukt. Von 2017 bis 2021 war Indien der wichtigste Abnehmer russischer Militärgüter – dicht gefolgt von China. Damit hatten beide zu leben, denn günstiger waren entwickelte Waffensysteme nirgendwo auf der Welt zu kaufen. Auch mit Peking will New Delhi es sich nicht verderben, bei allen Streitigkeiten ist man stets um ein ordentliches Verhältnis bemüht. Mit Argusaugen verfolgt man Pläne Chinas, den anderen schwierigen Nachbarn Indiens, Pakistan, so zu umarmen, dass Islamabad die Luft wegbleibt.

In der erwähnten Parlamentsdebatte legte Indiens Außenminister auch dar, welche praktischen Befürchtungen für die Haltung seines Landes zum Krieg gegen die Ukraine bestimmend waren: »In einer Zeit, in der die Energiekosten in die Höhe geschnellt sind, müssen wir natürlich dafür sorgen, dass der normale Bürger in Indien nicht einer zusätzlichen und unvermeidlichen Belastung ausgesetzt wird. Auch die Düngemittelpreise haben direkte Auswirkungen auf den Lebensunterhalt der Mehrheit unserer Bevölkerung.« Bis heute arbeiten die meisten Menschen Indiens im Agrarsektor, und Russland ist der Welt größte Exporteur von Dünger. New Delhis Zurückhaltung machte sich bezahlt: Russland steigerte seine Düngemittel- und Ölausfuhren nach Indien – und zwar zu überaus attraktiven Preisen. War aufgrund der hohen Transportkosten in den Jahren zuvor praktisch kein russisches Öl auf den Subkontinent ausgeführt worden, so konnte Indien nun davon profitieren, dass der Preis für russisches Öl bald nach Kriegsbeginn infolge der Sanktionen deutlich unter Weltmarktniveau fiel und sich zudem komfortable Rabatte aushandeln ließen.

New Delhis Interesse, es sich nicht mit Moskau zu verderben, ist nicht nur von praktischen Erwägungen geleitet. Zur Zeit des Kalten Krieges war Indien einer der Motoren der Bewegung der Blockfreien, die sich zwischen den Supermächten zu positionieren versuchten und häufig die Sowjetunion an ihrer Seite fanden, die die bitteren, teils schrecklichen Erfahrungen jener Länder während der Kolonialzeit zu ihren Gunsten zu nutzen verstand. Am Grundgedanken der Bewegung versucht Indien bis heute festzuhalten. Blockfreiheit bedeute, in jeder Situation die freie Wahl zwischen den verfügbaren Optionen zu haben, während Neutralität den Verzicht darauf mit sich bringe, so hat es der Vater des jetzigen indischen Außenministers, ein international renommierter Strategieexperte, einmal formuliert.

Doch auch die indische Außenpolitik muss mit unangenehmen Wirklichkeiten umgehen, wie eben einem noch engeren Verhältnis zwischen China und Russland. Pekings zunehmend konfrontatives Auftreten in der Taiwan-Frage und gegenüber den Nachbarn im südchinesischen Meer wird in New Delhi mit Sorge verfolgt – und daher auch die Minderung westlichen Einflusses in Asien, versinnbildlicht im Debakel des Rückzugs aus Afghanistan. Mag man den Westen in einer postkolonialen Grundhaltung auch kritisch sehen, so waren die USA in nüchterner Abwägung doch stets ein wichtiger Faktor, der chinesischem und russischem Machtstreben Grenzen setzte. Indiens Außenpolitik war daher stets bestrebt gewesen, auch mit den USA und den europäischen Partnern ein gutes Verhältnis zu haben. Im Ergebnis des Kriegs gegen die Ukraine kann dies zum Drahtseilakt werden, doch die Interessen Indiens und des Westens treffen sich wieder in der gemeinsamen Sorge vor den Folgen des weiteren chinesischen Aufstiegs.

In den Hauptstädten des Westens wird eine Außenpolitik,

die auf praktische Gemeinsamkeiten und wirtschaftlichen Austausch setzt, teils durch die Überlegung ergänzt, bevorzugt mit demokratisch regierten Ländern enger zusammenzuarbeiten. Wie von selbst scheint dann Indien dazuzugehören, »die größte Demokratie der Welt«. Es hilft zweifellos, wenn sich Partner auf gemeinsame Werte stützen können, aber eine wirklich tragfähige Basis ist es nicht, wie gerade das indische Beispiel zeigt. Um den Zustand der Demokratie im bald bevölkerungsreichsten Land der Erde ist es unter Ministerpräsident Modi und seiner hindunationalistischen Partei aktuell nicht wirklich gut bestellt.

Was also sollte im Verhältnis zu Indien im Vordergrund unserer Politik stehen? Wir dürfen weder die Einschränkungen der Medienfreiheit noch die Bedrängung religiöser Minderheiten beschweigen, dies stünde im Gegensatz sowohl zu unseren eigenen Wertvorstellungen als auch zu internationalen Verabredungen, die auch Indien unterzeichnet hat. New Delhi im Wesentlichen Vorhaltungen zu machen, liegt aber offenkundig auch nicht in unserem Interesse. Außenpolitik erweist sich einmal mehr als die Kunst, das eine zu tun, ohne das andere zu unterlassen, also weiterhin die Annäherung mit Indien zu suchen und gleichzeitig im Dialog über Fragen des Rechtsstaates und Minderheitenschutzes zu bleiben. Wird dieser Dialog nicht belehrend und mit dem Megafon geführt, kann dies auch gelingen. Die Stärke unserer Politik besteht darin, wertegeleitet zu sein; nur auf Prinzipien zu beharren hieße jedoch, die Augen vor der Wirklichkeit zu verschließen. Wir müssen priorisieren, mag uns das im Einzelfall auch schmerzliche Kompromisse abverlangen.

Indien und die USA haben in den vergangenen Monaten vorgemacht, dass sie trotz mancher Differenzen bereit und in der Lage sind, realpolitischen Erwägungen Rechnung zu tragen, vor allem wenn es um die Wahrung ihrer Interessen gegenüber China geht. Schon länger gab es ein informelles Forum, den »Quadrilateralen Sicherheitsdialog«, in dem sich die USA, Australien, Indien und Japan zu einer Politik des »freien und offenen Indopazifik« zusammengefunden haben. Mit einer neuen gemeinsamen Initiative soll nun eine schnelle, präzise und weitreichende Meeresüberwachung gewährleistet werden, von der auch andere Staaten der Region profitieren können. Im Mai 2022 riefen die USA einen neuen »Indo-pazifischen Wirtschaftsrahmen für Wohlstand« ins Leben, dem fünfzehn Anrainerstaaten angehören, darunter Indien. Zu den erklärten Zielen gehören fairer und nachhaltiger Handel und Lieferketten, saubere Energie und Dekarbonisierung sowie Korruptionsbekämpfung. Auch wenn es nicht ausgesprochen wird, eint die teilnehmenden Länder wieder vor allem eines: die Sorge vor einem übermächtigen China.

Auch die bilaterale Zusammenarbeit zwischen Indien und den USA wurde vorangebracht. Im Januar 2023 trafen sich die Sicherheitsberater beider Staaten und verabredeten gemeinsame Projekte im Bereich von Zukunftstechnologien: bei Quantencomputern, Künstlicher Intelligenz, 5G-Netzen und Halbleitern. Im Bereich der Rüstungsproduktion soll die Kooperation gleichfalls erleichtert werden, um Indien unabhängiger von Importen aus Russland zu machen.

Die Europäer agierten auf grundsätzlich ähnlicher Linie wie die Amerikaner. Im April 2022 besuchte die Präsidentin der EU-Kommission, Ursula von der Leyen, Indien, um die ins Stocken geratenen Verhandlungen über ein Freihandelsabkommen in Gang zu bringen und Gespräche über einen Schutz von Investitionen aufzunehmen. Die EU ist der drittgrößte Handelspartner Indiens und einer der größten Investoren im Land. Vereinbart wurde die Einrichtung eines »Gemeinsamen Handels- und Technologierates« – etwas, was es bislang nur im Verhältnis der EU zu den USA gibt. Zu den künftigen Schwerpunkten der verstärkten Zusammenarbeit der Europäischen Union mit Indien zählen die Unterstützung der wirtschaftlichen Erholung, die Bekämpfung des Klimawandels, die Aufrechterhaltung einer regelbasierten Weltordnung und Projekte im Bereich des digitalen Wandels. Interessen und Werte verbinden sich.

Bei gemeinsamen Interessen setzte auch Außenministerin Baerbock bei einem Besuch in Indien im Dezember 2022 an. Deutschland braucht Fachkräfte, aber auf Visa müssen indische Antragsteller teils monatelang warten. Dies soll sich ändern. Ein »Mobilitätsabkommen« soll es Menschen beider Länder erleichtern, im jeweils anderen Land zu studieren, zu forschen und zu arbeiten. Deutschland stehe bereit, so die Ministerin, Indien beim beschleunigten Übergang hin zur Nutzung erneuerbarer Energien zu unterstützen. Auch aufgrund des immer noch enormen Ausstoßes von CO_2 hat das Land spürbar unter den Folgen des Klimawandels zu leiden. Und die Außenministerin wies darauf hin, welch bittere Folgen es manchmal habe, von einem Nachbarn abhängig zu sein, der »eben kein Wertepartner ist«. Dass die deutsche Außenministerin dabei an Russland, ihr indischer Amtskollege möglicherweise eher an China dachte, tut dem Willen zu einer engeren Zusammenarbeit keinen Abbruch.

Der Ministerin folgte im Februar 2023 der Bundeskanzler. Bei seinem Besuch in Indien dankte Olaf Scholz Ministerpräsident Modi, dass er beim G20-Treffen in Bali mitgeholfen habe, »starke, klare Aussagen« zum Krieg gegen die Ukraine zu finden. Scholz setzte jedoch nicht bei der Verurteilung Russlands an, sondern bei den Interessen Indiens und anderer Länder des globalen Südens. »Wir müssen dafür sorgen, dass in allen Ländern Asiens, Afrikas und Südamerikas der furchtbare

Angriffskrieg, den Russland gegen die Ukraine begonnen hat, nicht zu Preissteigerungen, zu Energieknappheit, zu Nahrungsmittelknappheit führt.«

China ist dem südlichen Nachbarn in seiner Entwicklung weit voraus. Der indische Markt ist in etwa nur ein Fünftel so groß wie der chinesische, doch darin liegen eben auch enorme Chancen. Indien wird in diesem Jahr, so die Schätzung der OECD, das Land mit dem weitaus stärksten Wirtschaftswachstum Asiens sein. Noch müssen Investitionsbedingungen verbessert, Korruption bekämpft und Bürokratie modernisiert werden, damit das Land erfolgreich aufholt. Indien ist kein »Ersatz« für China – doch zusammen mit anderen aufstrebenden Ländern der Region wie etwa Vietnam oder Indonesien bietet es attraktive Alternativen, wenn es darum geht, eine übergroße wirtschaftliche und damit potenziell politische Abhängigkeit von China zu reduzieren.

Der Westen ist weder schwach noch hilflos. Bei der Neujustierung seiner Politik in Asien sollte er jedoch stärker die Voraussetzungen mit in den Blick nehmen, die das Verhalten der Partner bedingen. Das verlangt auch, eher zuzuhören als Ratschläge zu erteilen. Die Europäer sollten die Sicht des indischen Außenministers bedenken, der im Juni 2022 auf einer internationalen Konferenz in Pressburg sagte, Europa müsse aufhören zu glauben, seine Probleme seien die Probleme der Welt, jene der Welt aber nicht die Europas.

ACHT MILLIARDEN MENSCHEN

An kaum einem anderen Thema lässt sich die wechselseitige Abhängigkeit der spätindustrialisierten Welt und des globalen Südens besser ablesen als an der gegenläufigen Entwicklung der

Weltbevölkerung. Die Demographie gehört schon deshalb zu den großen Themen, weil ihre unmittelbaren Folgen, der Klimawandel, die Energieversorgung und möglicherweise auch Migration die globale Entwicklung der nächsten Jahrzehnte prägen werden.

Am 15. November 2022 wurde irgendwo auf der Welt der achtmilliardste Mensch geboren – ein eher rechnerisches, symbolisches Datum, nicht alle Länder erfassen ihre Bevölkerung mit gleicher Genauigkeit. Und auch deshalb eher symbolisch, weil die Zahl als solche uns heute nicht mehr schreckt. Vergangene Generationen standen unter dem oft angsteinflößenden Eindruck, das Problem der »Überbevölkerung« werde sich grundsätzlich nicht lösen lassen. Der britische Gelehrte Thomas Malthus hatte zu Beginn des 19. Jahrhunderts ein Gesetz formuliert, das unwiderlegbar schien: Das – exponentielle – Wachstum der Bevölkerung werde dasjenige der – linearen – landwirtschaftlichen Produktion deutlich überschreiten. Dies werde unausweichlich zu Armut, Hunger, Krankheit und sozialen Unruhen führen. Heute wissen wir, dass Malthus zwei Faktoren unterschätzte: den technischen Fortschritt und die rasante Steigerung der landwirtschaftlichen Produktivität. Die Industrialisierung und die Erfolge der Wissenschaft führten zu enormen technischen Innovationen und neuen Anbaumethoden und schließlich auch zu wachsendem Wohlstand. Einen wesentlichen Effekt auf die Bevölkerungsentwicklung hatten nicht zuletzt moderne Methoden der Empfängnisverhütung – die Malthus als Sünde ablehnte.

Als Malthus seine These von der »Bevölkerungsfalle« formulierte, lebte etwa eine Milliarde Menschen auf der Erde. 1960, als es drei Milliarden waren, wandten sich 172 renommierte Persönlichkeiten aus 19 Ländern, darunter 39 Nobelpreisträger, an die Vereinten Nationen mit der Warnung, die Welt gehe

»einem dunklen Zeitalter des Elends, des Hungers« entgegen. »Überbevölkerung« titelte der »Spiegel« am 10. April 1962 und kam in seiner Geschichte unter der Überschrift »Mehret euch nicht!« zu dem Schluss: »Niemals zuvor hat die Menschheit als Ganzes vor einer quantitativ so gewaltigen Aufgabe gestanden wie der, vor die sie jetzt durch ihre eigene Verdopplung gestellt ist.« Wenige Jahre später sagte der amerikanische Wissenschaftler Paul Ehrlich in seinem alarmistischen Buch »Die Bevölkerungsbombe« voraus, dass der Ressourcenverbrauch zwischen 1970 und 1980 zu weltweiten Hungersnöten führen werde und Indien niemals in der Lage sein werde, seine Bevölkerung selbst zu ernähren.

Die Einwohnerzahl Indiens ist seither von 450 Millionen (1960) auf 1,4 Milliarden Menschen (2021) gestiegen. Die Zahl derer, die dort in extremer Armut leben, ist innerhalb von zwanzig Jahren – von 1997 bis 2017 – von 42 Prozent auf 12 Prozent zurückgegangen. Obgleich es weiterhin Probleme der Unterernährung und der Fehlernährung gibt, kann das Land sich heute mit Nahrungsmitteln weitestgehend selbst versorgen, ja es exportiert sogar solche. Wesentlicher Grund hierfür ist die »grüne Revolution«, in deren Zuge seit den 1960er Jahren auch in der Agrarproduktion der Entwicklungsländer immer mehr moderne Hochleistungssorten eingesetzt wurden. Weizen- und Reisarten mit hohen Erträgen prägen heute den landwirtschaftlichen Anbau in weiten Teilen des Subkontinents. Betrug der durchschnittliche Reisertrag pro Hektar in Indien in den sechziger Jahren etwa anderthalb Tonnen, so hatte diese Zahl sich 2000 auf drei Tonnen verdoppelt.

Die Direktorin des UN-Bevölkerungsfonds nahm den 15. November 2022 zum Anlass, festzuhalten, dass der achtmilliardste Mensch einen »Meilenstein für die Menschheit« darstelle; er sei »das Ergebnis einer längeren Lebenserwartung, einer Verringerung der Armut und eines Rückgangs der Mütter- und Kindersterblichkeit«. Erhebliche Verbesserungen im Bereich der öffentlichen Gesundheitsversorgung hätten das Sterberisiko gesenkt und die Lebenserwartung erhöht. Die Sorge vor Überbevölkerung sei unbegründet. Selbst für elf Milliarden Menschen könnten die Lebensgrundlagen ausreichen, hatte die Welternährungsorganisation der Vereinten Nationen schon vor längerer Zeit festgestellt. Zwischen 10,4 und elf Milliarden Menschen werden von den Vereinten Nationen für das Jahr 2080 erwartet, dann sei der Höhepunkt erreicht, nach manchen Prognosen sogar früher. Danach werde die Entwicklung stabil bleiben oder sich abschwächen. Es gibt durchaus genügend Ressourcen, die Menschheit zu ernähren, es kommt aber auf die richtige und gerechte Verteilung an.

Auch deshalb bleibt die demographische Entwicklung eine der großen Herausforderungen unserer Zeit. Etwa 700 bis 830 Millionen Menschen litten nach Angaben der Vereinten Nationen 2021 unverändert unter Hunger, Unter- oder Fehlernährung. Mehr als die Hälfte von ihnen lebt in Afrika südlich der Sahara und in Südasien; in beiden Regionen ist die Kindersterblichkeit immer noch hoch.

Die Welt war dem von den Vereinten Nationen proklamierten Ziel, Hunger und Mangelernährung in all ihren Formen bis 2030 zu beenden, schon einmal näher als heute. Sowohl die Corona-Pandemie als auch der Ukrainekrieg haben die Situation wieder verschärft. Russland und die Ukraine gehören zu den weltweit größten Produzenten von Grundnahrungsmitteln, Ölsaaten und Düngemitteln. Überdies setzte Wladimir Putin den Hunger als Waffe ein, als er ukrainische Getreideexporte blockierte. Bereits in der Vergangenheit gehörte es zu seinem aggressiven Kalkül, auch demographische Faktoren zu nutzen, um Kriegsziele durchzusetzen. 2015/16 kamen mehr als zwei Millionen Flüchtlinge, Migranten und andere Schutzsuchende in die Europäische Union, mehr als eine Million davon allein nach Deutschland. Fast ein Drittel von ihnen stammte aus Syrien, wo Russland mit rücksichtslosen Luftangriffen den Krieg des Diktators Baschar al-Assad gegen seine Bevölkerung unterstützte.

Die Bombardierung ziviler Ziele und lebensnotwendiger Infrastruktur in der Ukraine durch die russischen Streitkräfte verfolgt das gleiche Ziel: nicht allein das Land zu destabilisieren, sondern große Flüchtlingsströme Richtung Westeuropa auszulösen. Bereits vor Kriegsbeginn hatte Nikolai Patruschew, einer der engsten Vertrauten des russischen Präsidenten und Sekretär des Sicherheitsrates, darauf hingewiesen, dass »die Ukraine jederzeit in Flammen aufgehen kann, sodass Millionen von Ukrainern an anderen Orten Schutz suchen werden«. Nach Einschätzung des Flüchtlingshilfswerks der Vereinten Nationen (UNHCR) verursachte der russische Angriff in der Tat die größte Fluchtbewegung seit dem Zweiten Weltkrieg, Ausmaß und Geschwindigkeit seien ohne Beispiel in der Geschichte von Flucht und Vertreibung seit 1945. Millionen Ukrainerinnen und Ukrainer verließen ihr Land, Polen allein nahm mehr als anderthalb Millionen von ihnen auf, Deutschland mehr als eine Million. Putins Kalkül richtet sich darauf, dass die eindrucksvolle Hilfsbereitschaft der Menschen in Polen, Deutschland und anderen Zufluchtsländern mit der Zeit erlahmen, ja ins Gegenteil umschlagen könnte.

Über der Bewältigung dieses Zustroms gerät bei uns ein Thema ins Hintertreffen, das nicht erst diese Bundesregierung auf die Agenda gesetzt hat: die dringend erforderliche Zuwanderung qualifizierter Fachkräfte. Ein Staat, dessen Bevölkerungszahl schrumpft und in dem der Anteil älterer Menschen sich aufgrund der Geburtenentwicklung und steigender Lebenserwartung kontinuierlich erhöht, gerät in Schwierigkeiten, seine Sozial- und Rentensysteme ausreichend finanzieren zu können. Auch zugewanderte erwerbstätige Personen werden eines Tages Rente beziehen. Insofern ist Zuwanderung nur ein Teil der Antwort auf die demographischen Probleme, vor die Deutschland wie die meisten Industriestaaten gestellt ist. Doch mit noch größeren Schwierigkeiten sehen sich jene Staaten konfrontiert, die keine oder nur eine sehr selektive Zuwanderung zulassen: China und Russland.

Bereits die Sowjetunion hatte eine für ein industrialisiertes Land niedrige Geburtenrate, in der Transformationsphase der 1990er Jahre ging diese weiter zurück. In Russland konnte diese Entwicklung durch die Zuwanderung russischsprachiger Migranten aus anderen Ländern der ehemaligen Sowjetunion kompensiert werden. Deshalb und im Zuge wirtschaftlicher Stabilisierung und verbesserter Gesundheitsversorgung, auch dank strengerer Regulierung des Alkoholkonsums, wuchs die Bevölkerung Russlands in den 2000er Jahren. Doch seit 2015 geht die Geburtenrate wieder zurück. Ein direkter Zusammenhang mit Russlands aggressiver Außenpolitik seit 2014 lässt sich nicht herstellen, doch zeigen empirische Studien, dass als unsicher oder schwierig empfundene Zeiten zu einem Rückgang der Fertilitätsrate führen.

Bereits in den ersten drei Quartalen des Jahres 2022 nahm die russische Bevölkerung um 463.000 Menschen ab, wesentlich mehr als in den Jahren vor der Pandemie, die in Russland einen besonders hohen Zoll forderte. 300.000 Männer wurden bisher zum Kriegsdienst eingezogen. Wie hoch die Opferzahlen unter den Soldaten sind, lässt sich nicht zuverlässig erfassen; seit März 2022 werden in Russland keine nach Altersgruppen aufgeschlüsselten Sterbedaten mehr veröffentlicht. Jene, die gingen, und jene, die starben, waren junge Männer im erwerbsfähigen Alter, die normalerweise Familien gründen. Vieles deutet im Übrigen darauf hin, dass unter den Emigranten, die Russland seit Kriegsbeginn verlassen haben, der Anteil von Menschen mit qualifizierten Abschlüssen überdurchschnittlich hoch ist – Ingenieure und IT-Experten, Ärzte und Wissenschaftler.

Kriegerische Auseinandersetzungen sind eine wesentliche Ursache von Hunger und Flucht. Oft genügen andere Gründe, dass Menschen ihre Habseligkeiten packen und sich auf den Weg machen in ferne Gegenden, wo sie sich eine bessere Zukunft erhoffen: Armut, schlechte Regierungsführung, schwache Infrastruktur, Rationierung von Nahrungsmitteln, eingeschränkter Zugang zu Trinkwasser und guten Ackerböden. Die Regierungen der betroffenen Länder verfügen meist nicht über die finanziellen Mittel, um Abhilfe zu schaffen, schon gar nicht in einer Krisensituation wie der gegenwärtigen, in der weltweit steigende Lebensmittelpreise infolge des russischen Krieges zu sozialen Spannungen und politischen Verwerfungen führen können. Wir müssen Hunger und Armut schon deshalb eindämmen, weil sie zu Flucht und Migration führen. Solidarität liegt also in unserem eigenen Interesse.

Die modernen Methoden, Hunger und Armut zu bekämpfen, haben teilweise neue Probleme geschaffen. So stieg im Zuge der »grünen Revolution« der Wasserverbrauch in der Landwirtschaft stark an, der massive Einsatz von Mineraldüngern, Phosphor und Stickstoff verschlingt große Mengen endlicher Ressourcen und belastet zugleich die Umwelt. Die Wissenschaft entwickelt neue Verfahren für integrierten Pflanzenschutz, wassersparende Anbaumethoden und eine ökologisch verträgliche Landwirtschaft, die Politik arbeitet an deren Umsetzung. Es geht nicht nur um Geld, es geht um Forschung, Innovation und wissenschaftlichen Austausch, um Handelsliberalisierungen für Länder des Südens und Zugang für deren Produkte zu unseren Märkten. Eine nachhaltig gestaltete Globalisierung war und ist der richtige Weg.

Die Herausforderungen bleiben groß, doch es gibt Entwicklungen und Zahlen, die uns Mut machen können. Viele davon hat der Schwede Hans Rosling, Professor für internationale Gesundheit, in einem eindrucksvollen Buch zusammengetragen: »Factfulness. Wie wir lernen, die Welt so zu sehen, wie sie wirklich ist«. 1980 hatten 58 Prozent der Menschen Zugang zu Wasser aus geschützten Quellen, 2015 waren es 88 Prozent. Weltweit haben dreißigjährige Frauen heute durchschnittlich neun Jahre lang die Schule besucht – das liegt nicht wesentlich unter den zehn Jahren, die junge Männer die Schule besuchen. 1970 wurden weltweit 65 Prozent aller Mädchen eingeschult, 2015 lag die Quote bei 90 Prozent. In Ländern wie Tansania, Äthiopien oder Kenia bringen Frauen mit Schulabschluss oder akademischer Ausbildung im Durchschnitt wesentlich weniger Kinder zur Welt als Frauen ohne Schulabschluss. Als Bangladesch 1972 unabhängig wurde, hatte jede Frau im Durchschnitt sieben Kinder mit einer Lebenserwartung von 52 Jahren, 40 Jahre später waren es zwei Kinder mit einer Lebenserwartung von 73 Jahren. 2016 hatten weltweit 88 Prozent aller Kinder zumindest eine Impfung erhalten, 1980 waren es lediglich 22 Prozent gewesen. Die Kindersterblichkeit in Ägypten ist heute niedriger als in Großbritannien oder Frankreich 1960. Das Niveau des Wohlstands und der Gesundheitsversorgung in Ägypten entspricht heute in etwa dem Schwedens 1948; das Niveau Schwedens 1975 wiederum wird heute von Malaysia erreicht.

Man mag diese Aufzählung beliebig nennen. Aber sie zeigt, dass es auch angesichts der komplexen Herausforderungen unserer Zeit grundsätzlich richtig bleibt, Zuversicht zu wahren.

DER WESTEN AUF DEM PRÜFSTAND

AMERIKAS SENDUNG

Das Foto, das das russische Außenministerium am 14. November 2022 von seinem Chef veröffentlichte, sollte Normalität demonstrieren. Internationale Medien hatten berichtet, Außenminister Lawrow sei während des Treffens der G20-Staaten auf Bali ins Krankenhaus eingeliefert worden. Nun sah man ihn auf einer Terrasse sitzen und Akten durcharbeiten. Er trug ein T-Shirt mit dem Namenszug eines amerikanischen Künstlers, am Arm eine Apple Watch, auf dem Tisch lag ein iPhone – Ikonen amerikanischer Kultur und Technologie.

Seit Jahrzehnten hat die Prägekraft der USA weltweit ihre tiefen Spuren hinterlassen, in China wie in Ghana, in der Schweiz wie eben auch in Russland. Ob Raumfahrt oder Chiptechnik, Impfstoffe oder künstliche Intelligenz, Amerika ist das Ursprungsland atemberaubender technologischer Entwicklungen und noch immer ein Land der unbegrenzten Möglichkeiten, in dem Sergey Bryn, geboren in Moskau, die Welt der Suchmaschinen, und Elon Musk, geboren in Pretoria, die Zahlungen online, die kommerzielle Raumfahrt und die Elektromobilität revolutionieren. In dem es Leute wie Steve Jobs und Bill Gates vom Garagentüftler zum Multimilliardär bringen und binnen Kurzem technologische Weltkonzerne aufbauen können. Die größte Volkswirtschaft gebietet über die mächtigsten Streitkräfte und ist Schutzmacht der freien Welt, die einzige Demokratie, die Autokraten wirklich die Stirn bieten kann.

Ein Land mit einer Verfassung aus dem Jahre 1787, ausgelegt für 13 Kolonien mit drei Millionen Einwohnern, und Institutionen, die sich gegenseitig blockieren und kaum reformierbar sind. Ein Land mit heute 330 Millionen Einwohnern und einer tief gespaltenen Gesellschaft, die nicht länger Patriotismus eint, sondern die eine teils hasserfüllte Gegnerschaft vor eine ungeheure Zerreißprobe stellt. Mit tiefen sozialen Gegensätzen, Armut, ethnischen Spannungen, einem unzulänglichen Gesundheitssystem und immer wieder erschreckenden Gewalttaten, weil jeder freie Mensch das Recht haben muss, eine Waffe zu tragen. Ein Land mit einer gigantischen Staatsverschuldung.

Die USA sind bis heute vom Geist ihrer Gründer geprägt und von einem starken Sendungsbewusstsein durchdrungen, das viel zum Befremden beigetragen hat, auf das die USA weltweit stoßen. Ohne dessen Verständnis uns aber auch der immer neue Optimismus und der Mut zum Aufbruch fremd bleiben, die das Land kennzeichnen, das wir gerne für uns recht ähnlich halten. Amerikas großer Präsident Abraham Lincoln hat die »Bestimmung der USA« vor 160 Jahren in die Worte gefasst, »dass es etwas mehr als das Gewöhnliche geben musste, für das diese Männer kämpften; etwas, das sogar über die nationale Unabhängigkeit hinausging; etwas, das allen Völkern der Welt für alle kommenden Zeiten ein großes Versprechen gab«.

Nachdem die USA sich außenpolitisch mit der »Monroe-Doktrin« lange Zeit auf den amerikanischen Doppelkontinent beschränkt hatten, schlossen sie gegen Ende des 19. Jahrhunderts mit der Eroberung von Teilen des niedergehenden spanischen Weltreiches zum Kreis der Kolonialmächte auf. Die große Zäsur brachte das Jahr 1917, als die USA sich entschlossen, in den europäischen Krieg einzugreifen. Mit seiner Idee, in Gestalt des Völkerbunds eine globale Ordnung zu schaffen, in der Kriege künftig unmöglich sein sollten, konnte sich Präsident Woodrow Wilson im eigenen Land allerdings nicht durchsetzen. Die »Isolationisten« siegten über die »Interventionisten«, Amerika zog sich wieder zurück. Auf Dauer sollte es sich jedoch als unmöglich erweisen, sich vom Weltgeschehen fernzuhalten; mit dem Überfall Japans auf Pearl Harbor im Dezember 1941 wurden die USA erneut in einen Weltkrieg hineingezogen.

Der Verbündete im Kampf gegen das Dritte Reich, die Sowjetunion, wurde nach dem Krieg rasch zum Gegner – Sendungsbewusstsein prallte auf Sendungsbewusstsein. Dem Versuch Moskaus, die Welt dem Joch des Kommunismus zu unterwerfen, setzten die USA die Idee der Freiheit entgegen, die sie mit Entschlossenheit in allen Kontinenten verteidigten – was schreckliche Irrwege wie den Krieg in Vietnam miteinschloss. Doch die amerikanische Demokratie zeichnet eben auch ihre Fähigkeit aus, Kritik zuzulassen und ihren Weg zu korrigieren. So blieb sie auch das Ideal von Menschen im Machtbereich der Sowjetunion, die sich als unfähig erwies, ihre Ideologie in Einklang mit der Wirklichkeit zu bringen und sich zu verändern.

Die USA, so schien es, waren der Sieger des Kalten Krieges – bis, nach nur wenigen Jahren, eine neue, schreckliche Erschütterung ihren globalen Ordnungsanspruch infrage stellte: der islamistisch motivierte Terrorismus mit den Anschlägen vom 11. September 2001. Wer den USA als »Schurke« oder als Bedrohung der Sicherheit entgegentrat, wurde bekämpft – Saddam Hussein, Muammar al-Gaddafi oder der sogenannte Islamische Staat. Politische Ziele, Machtanspruch und wirtschaftliche Interessen verwoben sich. Den USA gelang es dabei nicht, alle engen Verbündeten auf ihren Kurs einzuschwören. Dem Kampf gegen den Terrorismus in Afghanistan schloss Deutschland sich an, nicht aber den Kriegen gegen den Irak oder in Libyen.

Mit dem Ende des Kalten Krieges setzte sich eine globale Wirtschaftsordnung durch, die insbesondere von den USA befördert wurde: eine Welt des freien Handels, dessen Nutzen möglichst vielen zugutekommen sollte. Globale Institutionen sollten die dafür nötigen Regeln ausarbeiten und überwachen, Streitigkeiten schlichten. Der Dollar wurde zum Schmierstoff einer arbeitsteiligen Welt und des globalen Güteraustauschs. Die Bilanz war eindrucksvoll: Nicht nur der Wohlstand der Länder des Nordens wuchs, auch die südliche Hemisphäre partizipierte am allgemeinen Aufschwung.

Zu den Schattenseiten der Globalisierung zählten von Anfang an zwei Entwicklungen, die den Westen insgesamt betrafen, in den USA aber besonders scharf wahrgenommen wurden. Der Wohlstand wuchs nicht für alle gleichermaßen; Arbeitsplätze gingen verloren, weil Produktionen ins Ausland abwanderten, ganze Industrien erwiesen sich angesichts der günstigeren Produktionskosten des Südens als nicht mehr wettbewerbsfähig. Donald Trump, der den Menschen versprach, Amerika wieder groß(artig) zu machen – »make America great again« –, unterzeichnete bald nach Amtsantritt im April 2017 eine Anordnung, die den bezeichnenden Titel trug: »Buy American and hire American« – kauft amerikanische Produkte und stellt Amerikaner ein.

Das zweite Manko war das Agieren Chinas. Das Land weigerte sich beharrlich, sich den Regeln der Globalisierung zu unterwerfen, obwohl es der Welthandelsorganisation beigetreten war. Washingtons Hoffnung, Peking könnte sich zu einem »responsible stakeholder«, zu einem verantwortlichen Akteur der Weltwirtschaft und der internationalen Ordnung entwickeln, erfüllte sich nicht. Im Gegenteil: Zunehmend forderte China die USA heraus, am sichtbarsten im indopazifischen Raum, wo sich eine Reihe wichtiger Partner der USA inzwischen wachsende Sorgen macht: Australien, Japan, Südkorea, Taiwan. Im März 2023 fand zum ersten Mal nach zwölf Jahren ein Gipfeltreffen der Ministerpräsidenten Japans und Südkoreas statt. Unter dem Eindruck der weltpolitischen Entwicklungen sind die beiden wirtschaftsstarken asiatischen Demokratien bestrebt, ihre Beziehungen nicht länger von einer Vergangenheit dominieren zu lassen, in der das imperialistische Japan die koreanische Halbinsel zur Kolonie gemacht hatte.

Die wachsenden Spannungen mit China treffen die USA zu einem denkbar ungünstigen Zeitpunkt. Noch immer arbeitet man sich ab an den Folgen der Weltfinanzkrise von 2007/08, die in den USA selbst ausgelöst worden war. Die Staatsverschuldung hat ein Ausmaß erreicht, an dem die gesamte Weltwirtschaft ersticken könnte. Der amerikanische Staat gibt seit Jahrzehnten mehr aus, als er einnimmt. Mit über 31,4 Billionen Dollar erreichte der Schuldenstand Anfang des Jahres 2023 (mal wieder) die festgelegte Obergrenze. Im Kongress begann eine Debatte über die Anhebung der Schuldengrenze, um einen Zahlungsausfall zu verhindern. Die republikanische Opposition nutzte ihre frisch gewonnene Mehrheit im Repräsentantenhaus für den Versuch, Programme zu bekämpfen, die den Demokraten wichtig sind und die nicht zuletzt von jenen rechten Rebellen in den Reihen der Republikaner bekämpft werden, die einer Wahl des Sprechers des Repräsentantenhauses offensichtlich nur gegen entsprechende Zugeständnisse zugestimmt hatten.

Demokratische und republikanische Präsidenten stehen sich beim Schuldenmachen in nichts nach. Unter Donald

Trump wuchsen die Schulden stärker als je zuvor in Zeiten ohne besondere Krise, im Corona-Jahr 2020 legte er noch einmal vier Billionen Dollar obendrauf. Präsident Biden hat bisher nicht erkennen lassen, dass er an dieser Politik etwas ändern will, sondern im Gegenteil neue milliardenschwere Programme zur Ankurbelung der Wirtschaft auf den Weg gebracht. Umstritten ist, wie gefährlich die immense Verschuldung für die USA und den Rest der Welt werden kann. Zwar haben die USA als Heimat der Leitwährung Dollar auch währungspolitisch eine Sonderstellung, und der amerikanische Anleihenmarkt gilt nach wie vor als alternativlos. Der Verschuldungsspielraum der USA ist daher größer als der anderer Länder. Aber auch er ist eben nicht unbegrenzt. Auch die USA können nur so lange mit frisch gedruckten US-Dollar ihre Auslandsverbindlichkeiten bedienen, solange der Rest der Welt Vertrauen in ihre Währung hat. Geostrategisch nicht ganz unbedeutend: Die USA sind auch bei China verschuldet. Zwar sank der Anteil, den China an den Staatsanleihen der USA hält, zuletzt und ist gemessen an den Gesamtschulden der USA klein, dennoch ist er mit über 800 Milliarden Dollar noch immer groß genug, um einen gewissen Druck auf die USA ausüben zu können.

Derzeit ist nicht absehbar, dass das Vertrauen in den US-Dollar wegbricht. Trotz der Verschuldung und der abnehmenden weltwirtschaftlichen Bedeutung der USA bleibt er als Leitwährung einstweilen unangefochten. Keine andere Währung ist im selben Maße global verfügbar und wird gleichzeitig international als Anlage- und Reservewährung akzeptiert. Die großen Mengen an Dollar-Devisen im Ausland sind für die USA wie zinslose Kredite. Die volkswirtschaftlichen Gewinne, die die USA daraus ziehen, werden auf etwa 3 Prozent des US-amerikanischen Bruttoinlandsproduktes geschätzt. Zudem haben amerikanische Unternehmen bei internationalen Transaktionen kein Wechselkursrisiko. All das trägt zur globalen Vormachtstellung der USA nicht unerheblich bei – und weckt bei weniger privilegierten Partnern Neidgefühle und eigene Begehrlichkeiten.

Insbesondere China sucht nach Mitteln und Wegen, den Dollar zu entthronen. Die chinesische Währung Renminbi gewinnt nicht nur entlang der Seidenstraße an Einfluss, China ist insgesamt bestrebt, Teile seines Außenhandels direkt in der eigenen Währung abzuwickeln. Zwar wird der Renminbi perspektivisch den Dollar nicht als Leitwährung ersetzen, dazu sind das chinesische Finanzsystem und der chinesische Rechtsstaat zu wenig entwickelt. Doch es droht Unordnung im Weltwährungssystem. In einer Welt, in der an die Stelle einer stabilen internationalen Leitwährung alternative Anlagewährungen treten würden, die mit bestimmten Währungsregionen verbunden sind – auch der Euro spielt hier eine Rolle –, könnte es leichter zu ernsten Wechselkursturbulenzen kommen. Eine solche Entwicklung wäre ungemütlich, nicht zuletzt für die Amerikaner, die sich daher umso dringender bemühen müssten, Sparwillen zu zeigen und ihren Schuldenberg spürbar zu begrenzen.

Dass auch die USA von Krisen hart getroffen werden können, hat die Weltfinanzkrise gezeigt. Aufgrund ständig steigender Immobilienpreise und günstiger Kreditbedingungen hatten viele Menschen mit geringeren Einkommen sich stark verschuldet – und verschulden können. Als die Immobilienblase platzte, standen sie vor dem wirtschaftlichen Nichts. Die Effekte von Verarmung, sozialer Notlage und einer ausgeuferten Globalisierung kumulierten – und fanden ihr Echo in den verführerischen Parolen eines ebenso populistischen wie nationalistischen Heilsbringers.

HANDELSKRIEG ZWISCHEN DEN USA UND EUROPA?

Donald Trumps oft genug sprunghafte Politik des »America first« setzte sich nicht nur in dezidierten Widerspruch zu internationalen Verabredungen. Neben allen praktischen Schäden, die seine protektionistische und isolationistische Politik anrichtete, zerstörte sie vor allem eines: Vertrauen, das wichtigste Kapital internationaler Beziehungen. Die USA galten nicht länger – so sie es zuvor denn gewesen waren – als Hüter einer freien globalen Wirtschaftsordnung, sondern als eine Macht, die zur Durchsetzung ihrer Interessen bestehende Abhängigkeiten ausnutzte, um ihre Vorstellungen durchzusetzen. Ausgerechnet Peking, das sich in seinem Einflussbereich stets viel weniger Zurückhaltung auferlegt hatte, wurde zum Nutznießer der Trump'schen Politik, indem es sich weltweit als neuer Partner anbot, gleichsam als »Anwalt der Opfer amerikanischen Hegemonialstrebens und Neokolonialismus«.

Die gegenwärtige amerikanische Administration geht in mancher Hinsicht ähnliche Wege wie die vorherige. Auch sie zeigt wenig Interesse daran, die Welthandelsorganisation und ihr Regelwerk mit Leben zu erfüllen, auch sie scheint nicht daran zu glauben, China noch als verantwortlichen Akteur gewinnen zu können. Dabei verfolgt China eben nicht nur imperiale, sondern auch umfassende wirtschaftliche Ziele, zu deren Durchsetzung Peking auf internationale Verabredungen angewiesen ist. Aber die Regierung Biden setzt wie die Vorgängerregierung auf protektionistische Maßnahmen, um sich gegen China zu schützen, mögen dadurch auch Verbündete Schaden nehmen.

Ein absehbar folgenreiches Beispiel ist das im Herbst 2022 erlassene Verbot, moderne Halbleiterschaltkreise – sogenannte Chips, die auf US-Technologie basieren – nach China zu exportieren. Halbleiter gehören zu den meistgehandelten Produkten der Welt, sie stecken in Autos und Smartphones, in Rechenzentren und Kaffeemaschinen – aber auch in fortgeschrittenen Waffensystemen und in den Überwachungsinstrumenten der chinesischen Diktatur. Frei über sie zu verfügen, ist nicht nur eine Frage der technologischen Souveränität, sondern auch Voraussetzung militärischer Handlungsfähigkeit. China ist bislang nicht in der Lage, Chips, die den modernsten Anforderungen entsprechen, selbst herzustellen, auch das chinesische Militär ist auf Chips angewiesen, die in den USA entwickelt und in Taiwan gefertigt werden. Es ist absehbar, dass die amerikanischen Sanktionen die chinesischen Anstrengungen verstärken werden, auch in diesem Bereich autark zu werden. Vom amerikanischen Verbot, Halbleiter nach China zu exportieren, sind auch japanische und europäische Unternehmen betroffen, die Ausrüstung und Werkzeuge zur Herstellung von Chips fertigen. Sie müssen nun abwägen zwischen ihren Interessen auf dem amerikanischen und dem chinesischen Markt.

Noch stärker traf die europäische Wirtschaft ein anderes Gesetz, das Präsident Biden am 16. August 2022 unterzeichnete, der »Inflation Reduction Act« (IRA). Er verfolgt ein doppeltes Ziel: die Inflation in den USA zu reduzieren und zugleich klimafreundliche Technologien substanziell zu fördern. Was wie ein verständlicher und sinnvoller Schritt aussieht, erweist sich bei näherer Betrachtung zugleich als ein massives protektionistisches Subventions- und Steuererleichterungsprogramm für die Industrie in den USA. 460 Milliarden Dollar sollen dafür im Verlauf von zehn Jahren zur Verfügung gestellt werden. Unternehmen sollen hohe Anreize erhalten, wenn sie sich in den USA ansiedeln, Produktionen sollen dorthin zurückverlagert und Importe erschwert werden. Jeder Amerikaner kann 7500 Dollar steuerlich geltend machen, wenn er ein Elektroauto »made in USA« kauft, eine Subvention amerikanischer Autobauer, die die ausländische und insbesondere die europäische Automobilindustrie enorm benachteiligt. Dabei zielt der IRA nicht primär auf diese, sondern soll vor allem Chinas politischen und technologischen Hegemoniebestrebungen entgegenwirken, Amerika reindustrialisieren und die Wirtschaft klimaverträglich umbauen. Weniger Wettbewerb ist dabei natürlich ein willkommener Nebeneffekt.

Die Empörung in Europa war groß. Zur Ehrlichkeit der Debatte gehört allerdings, anzuerkennen, dass es auch Projekte und Entwicklungen in Europa gibt, die den USA aufstoßen, etwa eine Zollabgabe, die Importe von Produkten in die EU verteuern soll, deren Herstellung besonders viel Treibhausgas verursacht. Mit Sorge und Misstrauen werden in Washington auch Bestrebungen chinesischer Investoren beobachtet, Einfluss in der europäischen Wirtschaft zu gewinnen. Anfang März 2023 erreichte die Präsidentin der EU-Kommission, Ursula von der Leyen, in Gesprächen mit Präsident Biden, dass die USA den Europäern in einem entscheidenden Punkt, der Gleichbehandlung in der EU hergestellter Elektroautos, entgegenkamen. Zur Verständigung trug bei, dass Amerikaner und Europäer sich in zwei Punkten einig sind: dass es gilt, den Klimawandel zu bekämpfen und die Herausforderung durch China anzunehmen.

Die EU hätte auf den IRA natürlich mit vergleichbaren Maßnahmen antworten können; wenn sie geschlossen handelt, bringt sie eine gewaltige Wirtschaftsmacht auf die Waage. Überlegungen, den Mitgliedstaaten die Möglichkeit einzuräumen, ihren Unternehmen finanziell zur Seite zu springen, wurden in Brüssel kontrovers diskutiert. Ein am Ende auch noch schuldenfinanzierter Subventionswettlauf würde mehr staatliche Steuerung der Wirtschaft bedeuten, kleine und mittlere Unternehmen im Subventionswettbewerb gegenüber einflussreichen Großunternehmen benachteiligen, Fehlallokationen und Mitnahmeeffekte befördern und zu stärkerer Abschottung von Wirtschaftsräumen führen. Nicht zuletzt würde dadurch der Austausch von Technologie und Wissen eingeschränkt, auf den wir gerade angesichts der Erderwärmung entscheidend angewiesen sind.

Kein Land und keine Organisation weltweit dürfte von der Idee des Freihandels so stark profitieren wie die Europäische Union. Sie setzt daher auf Maßnahmen, die die Resilienz stärken, Freiräume vergrößern und Standortbedingungen verbessern. Bereits jetzt gibt es in Europa – auch bei uns in Deutschland – schuldenfinanzierte Förderprogramme in großer Zahl. Sinnvoll scheint es hingegen, andere, gezielte industriepolitische Maßnahmen zu ergreifen: Genehmigungsverfahren zu beschleunigen, Anreize zu setzen, um private Investitionen in Batteriezellen- oder Chip-Fertigung in Europa anzuregen, Kooperationen zu verstärken, beispielsweise im Bereich der Künstlichen Intelligenz und der Quantencomputer, wie Deutschland und Frankreich dies umlängst verabredet haben. Es gilt, Bürokratie und Belastungen abzubauen, Beihilferegelungen zu vereinfachen und somit insgesamt einen Rahmen zu setzen, in dem die innovationsstarke europäische Industrie wettbewerbsfähig bleibt.

Das Modell einer global integrierten sozialen Marktwirtschaft bleibt die richtige Antwort auch auf die Herausforderungen von morgen. Auch in Asien beweisen Länder wie Japan, Südkorea oder Taiwan, die marktwirtschaftlich ausgerichtet sind, dass sie eine höhere Wirtschaftsleistung pro Kopf erzielen und eine bessere soziale Absicherung gewährleisten als das autoritär ausgerichtete China, von Nordkorea ganz zu schweigen.

Also sollten wir uns bemühen, die WTO und ihr Regelwerk zu modernisieren, uns dafür mit den USA zu verständigen und

China einzubinden. Gleichzeitig muss die EU bereit sein, europäische Interessen gegebenenfalls entschlossen durchzusetzen, ohne sich auf einen Subventionswettlauf mit den USA oder China einzulassen. Und wir müssen unsere Infrastrukturen schützen, die digitalen wie die Handels- und Verkehrswege und neue, alternative Märkte, Produktionsstandorte und Bezugsquellen für wichtige Güter finden. Auf der Agenda europäischer Unternehmen stehen diese Themen bereits weit oben, sie werden unterstützt von Initiativen wie der »Europäischen Batterieallianz« und der »Europäischen Rohstoffallianz«, die sich die Entwicklung wettbewerbsfähiger, nachhaltiger Batterien und die strategische Autonomie bei kritischen Rohstoffen zum Ziel gesetzt haben.

Die EU verfügt über große Stärken, sofern sie geschlossen auftritt. Wo sie im Außenverhältnis Souveränität beweist, gewinnen auch die Mitgliedstaaten an Souveränität zurück. Die größte Errungenschaft des europäischen Integrationsprozesses ist der gemeinsame Binnenmarkt mit seinen vier Grundfreiheiten: dem freien Warenverkehr, der Personenfreizügigkeit, der Freiheit, Dienstleistungen zu erbringen, und dem freien Kapital- und Zahlungsverkehr. Auf europäischer Ebene sollte nur das entschieden und umgesetzt werden, was sich dort besser als auf nationaler erledigen lässt, den Mitgliedstaaten sollte es überlassen bleiben, ihre unterschiedlichen Stärken zu entfalten und in das gemeinsame Handeln einzubringen. Vom offenen Wettbewerb der Lösungen, an dem sich jede Bürgerin und jeder Bürger, jedes Unternehmen und jedes Land beteiligen können, profitieren am Ende alle. Nationale und regionale Verschiedenheiten zu achten ist die beste Voraussetzung dafür, die unerlässliche Zustimmung der Mehrheit der Bürgerinnen und Bürger zum europäischen Projekt zu erhalten.

Die Schwächen der EU liegen manchmal klarer zutage als

ihre Stärken. Was muss sich noch ändern? Fortschritte sind notwendig beim Ausbau der grenzüberschreitenden Energienetze und der digitalen Infrastruktur wie bei technologischer und digitaler Autonomie insgesamt, beim gemeinsamen Schutz der Außengrenzen und beim Ausbau von Systemen, die wirtschaftliche Anreize zur Minderung von Schadstoffemissionen schaffen sollen. Eine der vier Grundfreiheiten kann bislang nur unzulänglich ausgeschöpft werden: der freie Kapital- und Zahlungsverkehr. Die Kapitalmärkte innerhalb der EU sind unverändert national ausgerichtet, mit unterschiedlichen Regulierungen und Finanzierungsbedingungen. Vor allem kleine und mittlere Unternehmen gelangen auf der Suche nach Kapital selten über die nationalen Grenzen hinaus. Das erschwert und verteuert Finanzierungen und beeinträchtigt Europas Wettbewerbsfähigkeit. Start-ups, die Europa verlassen, nennen als Grund ihrer Entscheidung am häufigsten Schwierigkeiten, sich günstig und flexibel finanzieren zu können.

Ihre Stärke kann eine geschlossen handelnde EU ausspielen, wenn es um Antworten auf globale Herausforderungen geht: bei der Erschließung neuer Märkte und der Abwehr protektionistischer Politik, bei der Gestaltung von Zuwanderung, beim Kampf gegen den Klimawandel und der Festlegung auf neue Richtlinien der Energieversorgung oder auch bei dem Bemühen, wirtschaftlich schwächeren Ländern beizustehen und damit weltweit größere Gerechtigkeit herzustellen.

WASHINGTONS BLICK AUF RUSSLANDS KRIEG

Die Auseinandersetzungen um den IRA lassen erahnen, wie sich die Zukunft des europäisch-amerikanischen Verhältnisses gestalten könnte. Wir dürfen jedoch nicht übersehen, dass sich der Streit aus amerikanischer Sicht anders darstellt als aus europäischer. Die »nationale Sicherheitsstrategie«, die die amerikanische Administration im Oktober 2022 vorstellte, sieht den Ukrainekrieg nicht als einen Kampf Russlands mit dem Westen (als den ihn der Kreml seiner Bevölkerung zu verkaufen sucht), sondern als schwerste Verletzung des Völkerrechts, deren Urheber in die Schranken zu weisen ist. Das langfristig entscheidende Thema für die USA ist und bleibt die Rivalität mit China. Die USA haben die strategische Entscheidung getroffen, der Herausforderung durch Peking auch mit Hilfe von Maßnahmen zu begegnen, die dem ursprünglichen Gedanken der Globalisierung – mehr Freihandel – zuwiderlaufen. Das ist für die USA selbst nicht ohne ökonomisches Risiko, unverändert ist China eben Amerikas größter Handelspartner. Aber Sicherheit und nationale Interessen stehen nicht nur in Peking, sondern auch in Washington seit einigen Jahren wieder verstärkt im Fokus der Außenpolitik.

Russland stellt aus Sicht Washingtons eine zusätzliche, aber nicht die primäre Bedrohung dar. Entsprechend werden die Erwartungen an die Europäer steigen, sich sowohl im Ukrainekrieg stärker zu engagieren als auch beim geostrategischen Großkonflikt im asiatisch-pazifischen Raum Position zu beziehen. Donald Trumps innerparteilicher Rivale Ron deSantis hat bereits klargestellt, dass es kein »zentrales nationales Interesse« der USA sei, »weiter in einen territorialen Streit zwischen der Ukraine und Russland hineingezogen zu werden«. Der Krieg zähle für ihn nicht zu den wichtigsten Herausforderungen der USA. Trump selbst verkündete Anfang März 2023 vollmundig, er werde nicht länger als einen Tag benötigen, den Krieg zu beenden. Wenn er nicht Russland maximal nuklear drohen will – wie er es seinem Amtsnachfolger bald nach Kriegsbeginn empfohlen hatte –, wäre das nur durch eine sofortige Preisgabe der Ukraine möglich. Ein künftiger republikanischer Präsident dürfte also weit mehr Forderungen stellen als der gegenwärtige, und je schwächer wir sind, desto stärker werden die USA auf Gefolgschaft drängen können.

Als Putin ein Jahr nach dem Regierungswechsel in Washington die Ukraine angriff, konnte sich die Welt und insbesondere der Westen glücklich schätzen, dass nicht mehr Donald Trump im Weißen Haus saß. Ohne die massive Reaktion der Biden-Administration hätte Russlands Präsident sein Ziel einer Teilannektierung und vollkommenen Destabilisierung der Rest-Ukraine möglicherweise rasch erreicht. Im Juni 2021 hatten sich der amerikanische und der russische Präsident in Genf getroffen. Der Kontrast zur Politik seines Vorgängers hätte größer nicht sein können. Gemäß der schlichten Wahrheit, dass es besser ist, Verbündete an seiner Seite zu haben und sich mit diesen abzustimmen, statt allein zu marschieren, war Biden zuvor mit den Partnern der G7, der NATO und der EU zusammengekommen, um bestehende Differenzen zu glätten. Statt »America first« hieß es jetzt: »America is back again«.

Gegenüber dem russischen Präsidenten verfolgte Joe Biden den gleichen doppelten Ansatz wie andere westliche Führer vor ihm und mit ihm: Differenzen benennen und Konsequenzen ankündigen, zugleich aber Kooperation anbieten, wo eine solche in Russlands eigenem Interesse liegt – bei der Rüstungskontrolle, dem Klimawandel, der Bekämpfung der Corona-Pandemie. Doch Putin hatte bereits begonnen, eine andere Rechnung aufzumachen. Durch das Debakel des Afghanistan-Abzugs im Herbst 2021 sah er den Westen in der Krise, dessen Führer durch andere Themen absorbiert. Zugleich unterstellte er ihnen, Russland zu bedrohen, es schwächen und ihn stürzen zu wollen; amerikanische Raketenabwehrsysteme schienen ihm auf Moskau gerichtet. Zugleich war ihm klar geworden, dass die internationale Entwicklung immer weiter zu Russlands Ungunsten verlief und er sich mit seinem Projekt der »Heimholung der Ukraine« beeilen musste. Russland hatte aus der Globalisierung nur durch Energie- und Waffenverkäufe, aber weiter keinen wesentlichen Nutzen ziehen können, was insbesondere beim Vergleich mit dem Nachbarn China schmerzhaft ins Auge sprang. Aus der »strategischen Partnerschaft« mit dem südlichen Nachbarn drohte mehr und mehr ein von Peking dominiertes Vasallenverhältnis zu werden. In der Summe seiner Rechnung griff Putin zum letzten Mittel, sich international Gehör zu verschaffen – im Kalkül, Russlands Position dadurch zu stärken.

HABEN DIE VEREINTEN NATIONEN SICH ÜBERLEBT?

Sich um ein Ende des russischen Angriffskrieges zu bemühen, wäre eine zentrale Aufgabe der Vereinten Nationen. Doch wo waren sie? »Der Multilateralismus liegt heute auf dem Sterbebett.« Es war eine eindrucksvolle Rede, die am 22. Februar 2022 im Sicherheitsrat der Vereinten Nationen gehalten wurde – nur Stunden, bevor Russland die Ukraine angreifen sollte. Der Redner appellierte an Russland und rief die Prinzipien der UN-Charta in Erinnerung: das Gewaltverbot und die Verpflichtung aller Mitglieder, internationale Streitigkeiten ausschließlich mit friedlichen Mitteln beizulegen. »Wer möchte nicht mit seinen Brüdern verbunden sein und mit ihnen gemeinsame Sache machen«, fragte er an die Adresse Moskaus gewandt, das dabei war, sich die ukrainischen Regionen Donezk und Luhansk einzuverleiben. Sein Land lehne es jedoch ab, »dass eine solche Sehnsucht mit Gewalt verfolgt wird«. Die Welt befinde sich noch immer in einer Phase der »Erholung von der Glut toter Imperien« und müsse aufpassen, dass sie »nicht wieder in neue Formen von Herrschaft und Unterdrückung stürzt«.

Es war nicht der Vertreter der Vereinigten Staaten oder eines anderen westlichen Staates, der diesen flammenden Appell an die Adresse Russlands richtete – es war Peter Kimani, der Botschafter Kenias. Er hielt der europäischen Macht das Beispiel der jungen Staaten Afrikas entgegen, deren Grenzen einst von europäischen Kolonialmächten willkürlich gezogen worden waren, die sie aber als gegeben akzeptiert hatten: »Heute leben jenseits der Grenzen jedes einzelnen afrikanischen Landes eigene Landsleute, mit denen wir tiefe historische, kulturelle und sprachliche Bindungen teilen. Hätten wir uns bei der Unabhängigkeit dafür entschieden, Staaten auf der Grundlage ethnischer, rassischer oder religiöser Homogenität anzustreben, würden wir heute, viele Jahrzehnte später, immer noch blutige Kriege führen.«

Botschafter Kimani sah nicht nur Russland in der Pflicht, er verurteilte »aufs Schärfste die in den letzten Jahrzehnten zu beobachtende Tendenz, dass mächtige Staaten, darunter auch Mitglieder dieses Sicherheitsrates, das Völkerrecht ohne Rücksicht auf Verluste brechen«. Russland versucht seine Vorstellungen mit den Mitteln brachialer Gewalt durchzusetzen, China und die USA ringen um globale Hegemonie, und sowohl auf dem indischen Subkontinent als auch in Europa scheinen Nationalisten die Oberhand zu gewinnen. Ist der Multilateralismus, die Vision einer Welt, in der Staaten ihre Gegensätze und Interessenunterschiede in einem System gleichberechtigter Nationen zum gegenseitigen Nutzen friedlich, mit den Mitteln des Dialogs und der Diplomatie zum Austrag bringen, also am Ende?

Die Vereinten Nationen, 1945 gegründet, um »künftige Geschlechter vor der Geißel des Krieges zu bewahren«, wie es in der Präambel ihrer Charta heißt, scheinen wie gelähmt, unfähig, irgendeinen Einfluss zu nehmen auf den Gang des russischen Angriffskrieges. Vor allem auf den Sicherheitsrat richtet sich eine vielstimmige internationale Kritik, jenes eigentlich machtvolle Instrument – das Russland beharrlich mit seinem Veto blockiert, wenn Beschlüsse gefasst werden sollen, die seine militärische Aggression verurteilen und es zum Rückzug auffordern. Haben die Vereinten Nationen und andere multilaterale Organisationen sich überlebt? Werden die Geschicke der Welt künftig vom Gutdünken einiger Großer bestimmt werden, rücken »Multipolarität« und das Recht des Stärkeren an die Stelle des Multilateralismus?

Dass die Vereinten Nationen seit Beginn des russischen Angriffskrieges keine politisch entscheidende Rolle mehr zu spielen scheinen, dass der Sicherheitsrat zur Untätigkeit verdammt ist, müsste nicht so sein, würden die Bestimmungen der Charta der Vereinten Nationen ausgeschöpft. In Artikel 27 ist ausdrücklich festgehalten, dass sich bei Abstimmungen des Sicherheitsrats »Streitparteien der Stimme enthalten« müssen. Streitparteien sind Teil eines Konflikts, dessen »Fortdauer«, so Kapitel VI der Charta, »geeignet ist, die Wahrung des Weltfriedens und der internationalen Sicherheit zu gefährden«. Russlands Veto im obersten Gremium der Vereinten Nationen am 25. Februar 2022 gegen die Verurteilung seines Angriffskrieges war also, streng genommen, unzulässig. Zugute kam Moskau zu diesem Zeitpunkt, dass es turnusmäßig den Vorsitz im Sicherheitsrat ausübte. Aber selbst wenn Russland im Februar 2022 nicht Herr des Verfahrens gewesen wäre, hätte es sich wohl kaum daran hindern lassen, »njet« zu sagen.

Gegen die Blockade des Rates, in dessen Macht es liegt, gegebenenfalls konkrete Maßnahmen zur Wahrung des Friedens zu beschließen, könnten die Mitglieder der Vereinten Nationen sich wehren. Die Generalversammlung, in der alle Staaten vertreten sind, hat die Möglichkeit, mit einfacher Mehrheit ein weiteres Organ der Vereinten Nationen anzurufen: den Internationalen Gerichtshof (IGH). Dies hat sie in der Vergangenheit wiederholt getan, so im Dezember 2022, zur Frage der israelischen Besetzung palästinensischer Gebiete, und erneut, einstimmig, im März 2023, auf Antrag des vom Klimawandel in seiner Existenz bedrohten pazifischen Inselstaates Vanuatu. Der IGH soll ein Gutachten erstellen, welche Pflichten die Staaten im Kampf gegen die Erderwärmung haben. Aus einem Gutachten erwachsen keine Rechtspflichten, aber der Konsens der Generalversammlung und die Autorität des IGH werden in der Klimadebatte Wirkung entfalten.

Zwei Monate nach dem russischen Angriff beschloss die Generalversammlung ein neues Verfahren, um politisch mehr Gewicht zu gewinnen: Auf Initiative von Liechtenstein wird sie künftig automatisch befasst werden, wenn eines der ständigen Mitglieder im Sicherheitsrat ein Veto einlegt. So entsteht Zwang zur Erklärung und zur Rechtfertigung. »Auch ein Kleinstaat wie Liechtenstein«, so die Außenministerin des Fürstentums selbstbewusst, könne »im internationalen Bereich eine aktive und gestaltende Rolle spielen.«

Anders als der Sicherheitsrat kann die Generalversammlung keine völkerrechtlich bindenden Beschlüsse fassen, mit ihren Entschließungen ist sie aber in der Lage, großes politisches Gewicht zu entfalten. Zwei Resolutionen im Abstand eines Jahres stellten eindrucksvoll unter Beweis, dass die internationale Staatengemeinschaft den russischen Angriffskrieg verurteilt. 141 der gut 180 Mitgliedstaaten, die an der Abstimmung teilnahmen – 193 Mitglieder haben die Vereinten Nationen insgesamt –, sandten zweimal ein klares Signal nach Moskau. Russland hatte einmal vier und einmal sechs Staaten an seiner

Seite. Gut 30 Staaten, darunter Schwergewichte wie Indien und China, zogen es vor, sich zu enthalten.

Der Völkerrechtler Ulrich Fastenrath hat in der *Frankfurter Allgemeinen Zeitung* Anfang Februar 2023 eine Reihe von Vorschlägen gemacht, wie die Generalversammlung sich insgesamt stärken könnte. Sie könnte eine mit Juristen besetzte Kommission einsetzen, die Verstöße gegen das humanitäre Völkerrecht prüft und Staaten zwingt, sich den gegen sie erhobenen Vorwürfen zu stellen. Eine politisch besetzte Kommission international anerkannter Persönlichkeiten könnte sich der konkreten Fragen annehmen, die sich aus dem Krieg gegen die Ukraine ergeben: Deportationen und Gefangenenaustausch, Sicherung der Nahrungsversorgung wie der Kernkraftwerke, Angriffe auf die zivile Infrastruktur und Einleitung von Waffenstillstandsvereinbarungen. »Was der multilaterale Ansatz zur Beilegung des Ukrainekriegs beitragen kann«, lasse sich nicht voraussagen, so Fastenrath, »Scheitern und Erfolg sind gleichermaßen angelegt. Aber was ist die Alternative?«

Der Sicherheitsrat ist blockiert, die Generalversammlung zeigt sich – einstweilen – nicht in der Lage, die Blockade zu brechen. Bleibt eine Institution der Vereinten Nationen, die Bewegung in die Sache bringen könnte, aber im gegenwärtigen Konflikt erstaunlich abwesend ist: der Generalsekretär. In der UN-Charta ist seine Rolle nur wenig umrissen – ein Umstand, den frühere Generalsekretäre sich zunutze machten, um diesem Amt großes Gewicht zu geben. Der legendäre Dag Hammarskjöld, der von 1953 bis 1961 amtierte, erwies sich als äußerst geschickt sowohl bei der Krisenabwendung als auch bei der Vermittlung. Hammarskjölds Nachfolger waren vielfach aktiv, im Nahen und Mittleren Osten, im Kongo und in Namibia, in Zypern oder Kambodscha. Kofi Annan, zu dessen großen Erfolgen die Verabredung der Millenniums-Entwicklungsziele gehörte, wurde 2001, gemeinsam mit den Vereinten Nationen, mit dem Friedensnobelpreis ausgezeichnet.

Das Amt des UN-Generalsekretärs lässt dem jeweiligen Amtsinhaber viel Spielraum. Um Krisen rechtzeitig zu entschärfen, ist ihm zum Beispiel ausdrücklich das Recht zugebilligt, den Sicherheitsrat zu befassen. António Guterres, der gegenwärtige oberste Repräsentant der Vereinten Nationen, hat hiervon keinen Gebrauch gemacht, sondern es den Mitgliedern des Rates überlassen, dies zu tun. Seit Beginn des russischen Angriffskrieges hat Guterres ein einziges Mal den Versuch unternommen, in Kiew und Moskau zu vermitteln – im April 2022. Gewiss, er ist mit einem Großkonflikt konfrontiert, in den die ständigen Mitglieder des Sicherheitsrates involviert sind oder sich involviert sehen – hier Russland, dort die USA, Frankreich und Großbritannien, und auch China sieht seine Interessen massiv betroffen. Eine ungeheure Herausforderung zweifellos, aber der führende Diplomat der Weltgemeinschaft hat eben auch »den unmöglichsten Job der Erde«, wie Trygve Lie, der erste Generalsekretär das Amt einmal beschrieb.

Natürlich birgt jeder Vermittlungsversuch die Gefahr des Scheiterns in sich, aber dies zu riskieren ist besser, als es nicht versucht zu haben. Immerhin konnten dank dem Einsatz der Vereinten Nationen wichtige Teilerfolge erzielt werden: so bei der Auflösung der Blockade, mit der Russland den Export ukrainischen Getreides auf die Weltmärkte verhinderte, und, gemeinsam mit dem Roten Kreuz, bei der Evakuierung der von Russland belagerten Stadt Mariupol. Es bleibt zu hoffen, dass der Generalsekretär wenigstens Initiativen Dritter aufgreifen und in die richtigen Bahnen lenken wird.

Dass die Vereinten Nationen der Reform bedürfen, ist international unstrittig. Das Veto im Sicherheitsrat abzuschaffen, dürfte fast ein Ding der Unmöglichkeit sein, es lässt sich bestenfalls relativieren. Vorschläge hierfür gibt es, insbesondere im Zusammenhang mit der Aufnahme weiterer wichtiger Länder als ständige Ratsmitglieder. Für den September 2024 ist ein »Zukunftsgipfel« der Vereinten Nationen geplant, auf dem Reformen der Weltorganisation diskutiert und im Idealfall beschlossen werden sollen. Die Botschafterin Deutschlands und der Botschafter Namibias sind beauftragt, die Verhandlungen auf dem Wege dorthin zu führen.

WO DER MULTILATERALISMUS FUNKTIONIERT

Formate und Verfahren, die nicht länger so funktionieren, wie sie einmal konzipiert waren, gehören auf den Prüfstand. Andererseits werden Ideen und Grundsätze nicht dadurch falsch, dass sie von Einzelnen missachtet, ja missbraucht werden. Mit Recht hält die Weltgemeinschaft entschieden daran fest, auf globale Herausforderungen gemeinsame Antworten zu finden. Dafür entstehen sogar neue multilaterale Formate. Die Weltklimakonferenz mit Verabredungen, die zwar immer noch unzulänglich sind, in ihrer Substanz gleichwohl vor 25 Jahren unvorstellbar gewesen wären, ist ein ebenso gutes Beispiel wie die Weltnaturkonferenz, die sich im Dezember 2022 darauf verständigt hat, bis 2030 mindestens 30 Prozent der weltweiten Land- und Meeresflächen unter Schutz zu stellen und den Einsatz von Pestiziden zu halbieren.

Die neuen Instrumente globaler Politik unterscheiden sich von den traditionellen zumeist in einem wesentlichen Punkt. An die Stelle völkerrechtlich bindender Verträge treten Verabredungen über Ziele, die gemeinsam erreicht werden sollen; den Teilnehmern bleibt es überlassen, auf welchem Weg und mit welchen Mitteln. 1992 wurde das »Rahmenübereinkommen der Vereinten Nationen über Klimaänderungen« vereinbart, dem heute alle Staaten der Erde angehören. 2015 einigten diese sich darauf, die Erderwärmung langfristig auf deutlich unter 2 °C im Vergleich zur Durchschnittstemperatur vor Beginn des industriellen Zeitalters zu begrenzen, nach Möglichkeit auf 1,5 °C. Schwachstelle dieser Verabredung: Kein Staat ist zu spezifischen Schritten und Wegen verpflichtet, um dieses Ziel für sich zu erreichen. Frankreich setzt auf die Nutzung von Kernkraft, Deutschland lehnt dies vehement ab. Doch alle Staaten müssen regelmäßig überprüfbare Berichte über ihre Maßnahmen vorlegen, sich also rechtfertigen und sich der Kritik stellen, finanzielle Unterstützung ist an Fortschritte gebunden. Das mag kein ganz idealer Weg sein. Angesichts der Dimension der Aufgabe, der unterschiedlichen Interessenlagen der Teilnehmer und der Schwierigkeit, überhaupt weltweit zu einer Verabredung zu kommen, ist diese moderne Form des Multilateralismus aber kein schlechter Weg.

Weil sie in der täglichen Berichterstattung höchst selten auftauchen, wird eine Reihe globaler Organisationen, die seit Jahrzehnten gut und effektiv arbeiten, leicht übersehen. Wer kennt schon die Internationale Fernmeldeunion, 1865 gegründet und damit die zweitälteste weltumspannende Organisation nach dem nur zwei Jahre zuvor ins Leben gerufenen Internationalen Komitee vom Roten Kreuz? Nur wenig jünger ist die Weltorganisation für Meteorologie. Die Internationale Zivilluftfahrtorganisation ICAO sorgt für international koordinierte Standards im Luftverkehr und deren Durchsetzung. Mit Russlands Überfall auf die Ukraine wurde einer der wesentlichen Grundsätze der Organisation verletzt: die Souveränität eines Landes über seinen Luftraum. Noch in einem weiteren Punkt wurde die ICAO herausgefordert. Die russische Regierung beschlagnahmte Hunderte Flugzeuge westlicher Leasing-

Firmen, registrierte diese um und senkte die Sicherheitsstandards, da die Ersatzteile ausgingen. In einem seltenen Schritt wies die ICAO ihre 193 Mitgliedstaaten daher im August 2022 darauf hin, dass Russland die Regeln der Organisation verletze; es sei höchst fraglich, ob zwingende Sicherheitsvorschriften weiterhin durchgesetzt würden. Zwei Monate später verlor Russland bei einer anstehenden Neuwahl seinen traditionellen Sitz im Rat der ICAO, dem prestigeträchtigen obersten Gremium der Organisation.

Zu den seit Langem bewährten internationalen Organisationen und Instrumenten, die gut funktionieren, zählen UNICEF und UNESCO, die Wahlbeobachter der OSZE oder deren Menschenrechtsbeauftragter. In der Ukraine leisten Sonderorganisationen der Vereinten Nationen und andere internationale Hilfsorganisationen eindrucksvolle humanitäre Arbeit, die internationale Atomenergieagentur IAEA entsandte Inspektoren in das umkämpfte Kernkraftwerk Saporischschja und verhandelte mit den Konfliktparteien über die Errichtung einer Sicherheitszone.

Ein wichtiges Format zur Verabredung multilateraler Standards ist das regelmäßige Treffen der G20 geworden, entstanden 1997 aus einer losen Konferenzserie der Finanzminister und Notenbankchefs wichtiger Industrie- und Schwellenländer. Als die Finanzkrise 2007/08 die Welt erschütterte, traf sich diese Gruppe erstmals auf Ebene der Staats- und Regierungschefs. Seither sind die G20 ein zentrales Forum internationaler Zusammenarbeit nicht nur bei Finanz- und Wirtschaftsthemen, sondern auch, wenn es darum geht, sich über Bildung und Klimapolitik, Frauenrechte und Migration auszutauschen und zu verständigen.

Zum Völkerrechtsbruch, den Russland mit seinem Angriffskrieg beging, nahmen die G20 klar Stellung: »Die meisten Mitglieder verurteilten den Krieg in der Ukraine auf das Schärfste und betonten, dass er immenses menschliches Leid verursacht und bestehende Verwundbarkeiten der Weltwirtschaft verstärkt«, hieß es in der Erklärung, die die Staats- und Regierungschefs der G20 am 16. November 2022 in Bali verabschiedeten. Die Formulierung, die schon deshalb auffiel, weil sie den Krieg beim Namen nannte, wurde auch von China mitgetragen, das sich mit dem Hinweis begnügte, es habe auch »andere Sichtweisen und unterschiedliche Bewertungen der Situation und von Sanktionen« gegeben. Alle waren sich einig: »Der Einsatz oder die Androhung des Einsatzes von Kernwaffen ist unzulässig. Entscheidend sind die friedliche Konfliktbeilegung, Bemühungen zur Krisenbewältigung sowie Diplomatie und Dialog. Unsere Zeit darf nicht eine des Krieges sein.«

Wichtigste Voraussetzung für den Erfolg multilateralen Handelns ist, dass alle Teilnehmer bereit sind, sich an die vereinbarten Prinzipien zu halten und nicht nur nach dem eigenen Vorteil, sondern auch nach dem Vorankommen des Verbundes insgesamt zu streben und das Interesse der anderen zumindest nicht aus dem Auge zu verlieren. Mit der europäischen Integration sind wir hier einen oft gewundenen, gelegentlich schwierigen, aber in Summe sehr erfolgreichen Weg gegangen. Ob alle Teilnehmer noch bereit sind, sich an die verabredeten Grundsätze zu halten, muss bei manchen multilateralen Organisationen inzwischen allerdings bezweifelt werden.

Dies illustriert der aktuelle Zustand der OSZE. Als KSZE hatte sie entscheidend dazu beigetragen, die Spaltung des Kontinents zu überwinden. Doch die Hoffnung, dass das, was selbst im Kalten Krieg funktioniert hatte, in einem neuen Zeitalter danach erst recht würde große Wirkung entfalten können, erfüllte sich nicht. An die Stelle eines Großkonfliktes zweier Seiten, die ein gleiches Interesse hatten – Sicherheit durch grundlegende Verabredungen zu schaffen –, trat eine neue Wirklichkeit mit einer gewachsenen Zahl von Mitgliedern und regionalen Spannungen und Konflikten. Da jeder Staat ein Vetorecht hat, ließ sich die Arbeit der OSZE leicht lähmen.

Geschaffen hatte sich die OSZE gleichwohl eine Reihe guter Instrumente, die dabei helfen können, sicherzustellen, dass die von der KSZE übernommenen Prinzipien und Ziele durchgesetzt werden: so einen Hohen Kommissar für nationale Minderheiten, einen Beauftragten für Medienfreiheit und ein Büro für demokratische Institutionen und Menschenrechte, das überall in Europa regelmäßig Wahlbeobachtungen durchführt. In den Krisenherden des Kontinents sind OSZE-Feldmissionen im Einsatz – sofern man sie gewähren lässt. Nachdem Russland 2014 die Krim annektiert und im Südosten der Ukraine einen Krieg ausgelöst hatte, entsandte die OSZE eine solche Mission. Sie sollte die Einhaltung des »Minsker Übereinkommens« überprüfen, das einen Fahrplan für eine friedliche Beilegung des Konfliktes vorsah. Doch ihre Arbeit litt darunter, dass die aus Russland gesteuerten Separatisten diese torpedierten. Die Beobachter waren keine Blauhelme der Vereinten Nationen; Versuche, ihr Mandat stärker auszustatten, scheiterten – an Moskau. Als Russland erneut die Ukraine angriff, erwies die OSZE sich als handlungsunfähig.

Zu den Institutionen der OSZE gehören auch Treffen der Parlamentarier aus ihren Mitgliedstaaten. Über die Frage, ob an einem solchen Treffen im Februar 2023 am Sitz der Organisation in Wien auch russische Parlamentarier teilnehmen dürften, entbrannte ein heftiger Streit. Russland gänzlich auszuschließen hieße, einen Ort aufzugeben, an dem Ansatzpunkte für eine Lösung und für die Gestaltung der Zukunft jenseits des Krieges gefunden werden könnten. Und es hieße, Zweck und Natur einer solchen Organisation zu verkennen. »Die

OSZE war nie ein Club der Gleichgesinnten«, brachte es der österreichische Außenminister Alexander Schallenberg treffend auf den Punkt. »Ein Multilateralismus à la Facebook, wo ich nur noch mit Leuten zu tun habe, die meinen Content teilen, ist sinnlos.«

Die Welt von morgen wird multipolar sein, bestimmt von konkurrierenden Zentren und den Interessen großer Mächte. Unser Streben muss sich darauf richten, die Konkurrenz, wo immer dies möglich ist, in Kooperation zu überführen und dabei darauf zu achten, dass sich insbesondere kleinere Länder sicher und aufgehoben fühlen. Die pazifischen Inselstaaten würden dem Klimawandel völlig machtlos ausgeliefert sein, wären China, die USA und andere nicht bereit, im internationalen Klimaprozess mitzuwirken und ihren Beitrag zu leisten. Wir sollten den Multilateralismus nicht vorschnell abheften und uns damit abfinden, uns im Ringen zwischen China und den USA weitgehend mit der Rolle des Zuschauers zu begnügen.

DER KLIMAWANDEL ALS GRÖSSTE HERAUSFORDERUNG

Sein Gewicht muss Europa bei dem wohl wichtigsten Thema des 21. Jahrhunderts in die Waagschale werfen, damit die Weltgemeinschaft an einem Strang zieht und Lösungen möglich werden: beim Klimawandel und der unbedingt notwendigen Verminderung der Emissionen, die diesen verursachen. In einem wegweisenden Urteil hat das Bundesverfassungsgericht im April 2021 festgehalten, dass die Politik in ihrem heutigen Handeln auch verpflichtet ist, die Interessen künftiger Generationen zu berücksichtigen. Zugleich hat es die Erderwärmung als eine Herausforderung »genuin globaler Natur« beschrieben und die Bundesregierung zu einem »international ausgerichteten Handeln« aufgefordert. Dass ein globales Problem wie der Klimawandel global angegangen werden muss, liegt auf der Hand.

Dabei spielt es keine Rolle, dass der Anteil Deutschlands und der Europäischen Union am weltweiten CO_2-Ausstoß ständig kleiner wird. 2021 trug Deutschland 1,82 Prozent zum weltweiten Ausstoß von Treibhausgasen bei, bei einem immer noch hohen Pro-Kopf-Verbrauch. Für die größten Mengen waren im gleichen Jahr China (30,9 Prozent des weltweiten Anteils) und die USA verantwortlich (13,4 Prozent), gefolgt von Indien (7,3 Prozent) und Russland (4,73 Prozent). Pro Kopf und in absoluten Zahlen betrachtet, liegt weit an der Spitze Katar (35,59 Tonnen jährlich), gefolgt von den Vereinigten Arabischen Emiraten (21,79 t) und Saudi-Arabien (18,7 t). Nahe beieinander auf Platz 10 und 12 liegen Deutschland und China (8,09 bzw. 8,05 t).

Die weltweite Dekarbonisierung wird grundlegend und historisch beispiellos unser gesamtes Leben verändern. Im Verlauf ihrer Geschichte hat die Menschheit immer neue Formen der Energiegewinnung entdeckt und entwickelt und diese den bestehenden hinzugefügt. Nun soll erstmals eine Energiequelle, die Nutzung der fossilen Brennstoffe Öl, Gas und Kohle, vollständig abgeschafft und durch andere ersetzt werden. Im Ergebnis werden die Preise für Energie steigen und die Regierungen gefordert sein, die Sicherheit der Versorgung zu gewährleisten. Gleichzeitig wird die Nachfrage nach Rohstoffen wie Kupfer, Nickel, Kobalt oder seltenen Erden steigen, die für die Herstellung von Windanlagen, Batterien oder Elektrofahrzeugen benötigt werden. Die Energiewende führt auch zu neuen Abhängigkeiten: 87 Prozent der von Deutschland importierten Photovoltaikanlagen kamen 2022 aus dem Reich der Mitte.

Nationale Anstrengungen bleiben ein wichtiger Beitrag. Allerdings zeigt sich, dass die Bemühungen einzelner Staaten, wenn sie nicht Bestandteil globaler Verabredungen sind, nicht unbedingt zur Nachahmung führen, sondern im Gegenteil sogar zu sogenannten »Wasserbetteffekten«: Die Verringerung der CO_2-Emissionen bei uns kann zu Erhöhungen in anderen Teilen der Welt führen, zum Beispiel wenn energieintensive, bei uns durch Vorgaben stark belastete Industrien ihre Produktion in Länder verlagern, in denen die Auflagen weniger streng sind. Eine verstärkte Nutzung der Elektromobilität wiederum erfordert die Zulieferung der erforderlichen Batterien und von Rohstoffen, die in anderen Ländern unter dort möglicherweise problematischen Bedingungen produziert beziehungsweise abgebaut werden. Verbrauchen wir weniger fossile Brennstoffe, dann sinkt deren Preis am Weltmarkt, und andere Länder könnten versucht sein, Öl, Gas und Kohle wieder verstärkt über einen längeren Zeitraum zu nutzen.

Von solchen Effekten profitieren in erster Linie Länder, die von ihren »Klimakonten« bisher vergleichbar wenig abgebucht haben und jetzt bestrebt sind aufzuholen. Darin mag man eine gewisse ausgleichende Gerechtigkeit sehen. Doch eine bloße Verlagerung von Emissionen ist nicht vereinbar mit der Notwendigkeit, weltweit auf einen schnell sinkenden Klimapfad zu kommen. Der Schutz des Klimas liegt in der Verantwortung aller. Zugleich haben die schon länger industrialisierten Länder eine besondere Verpflichtung, denen beizustehen, die heute dadurch benachteiligt sind, dass wir durch unser Verhalten in der Vergangenheit überproportional stark zum Klimawandel beigetragen haben.

Um zu globalen Verabredungen zu kommen, wurde vor 25 Jahren zum ersten Mal eine weltweite Vereinbarung getroffen, die verbindliche Verpflichtungen zumindest für die

Industrieländer enthielt, ihre Treibhausgase zu reduzieren, das Kyoto-Protokoll von 1997. Ein Meilenstein war das Klimaübereinkommen von Paris 2015, das bislang 189 Länder ratifiziert haben. Die beteiligten Staaten haben sich verpflichtet, alle fünf Jahre neue, jeweils ambitioniertere nationale Beiträge festzulegen. Bedenkt man, wie schwierig es ist, einen normalen Nachbarschaftsstreit über Bäume zu regeln, deren Äste über den Grenzzaun ragen, so bleibt es – vor allem angesichts der Komplexität der Aufgabe und widerstreitender Ansprüche – bemerkenswert, dass eine Einigung auf weltweite Klimaziele in einem globalen Format überhaupt gelang. Es unterstreicht die Dringlichkeit, die dem Thema in allen Ländern der Erde beigemessen wird.

Alle Beteiligten sind sich gleichwohl einig, dass die bisherigen Vereinbarungen nicht ausreichen, um die Emissionen wirksam und schnell genug zu senken. Nach Berechnungen des Umweltprogramms der Vereinten Nationen würde das 1,5°-Ziel selbst dann verfehlt, wenn alle Länder ihre nationalen Ziele einhielten – und viele Länder tun dies nicht. Bill Gates plädierte in einem Interview mit dem »Handelsblatt« im Februar 2023 dafür, dennoch nicht nachzulassen: »Natürlich sind wir angesichts der gewaltigen Aufgabe noch nicht weit gekommen. Aber jeder noch so kleine Grad der Veränderung ist wichtig. Wir dürfen nicht aufgeben, nur weil wir 1,5° nicht erreichen.«

Problematisch an den bisherigen Verabredungen sind nicht zuletzt die »Trittbrettfahrer«: Länder mit geringeren Anstrengungen beim Klimaschutz können sich Wettbewerbsvorteile gegenüber Ländern mit ambitionierten Klimaschutzprogrammen erhoffen. Solchen Herausforderungen soll eine zusätzliche Initiative begegnen, die auch im Koalitionsvertrag der Bundesregierung festgeschrieben ist: ein »Klimaclub« von Staaten, die sich zu besonderen Anstrengungen verpflichten. Für alle, die ihm nicht angehören, soll es schwerer und teurer werden, Zugang zu den Märkten der Mitglieder des Klubs zu bekommen. Auf dem Gipfel der G 7-Staaten im Dezember 2022 wurde ein solcher »offener und kooperativer internationaler Klimaclub« beschlossen. In einem ersten Schritt sollen für den Industriesektor internationale Partnerschaften und Kooperationen erarbeitet und gemeinsame Standards und Strategien verabredet werden. Interessierte Staaten sind ausdrücklich eingeladen, sich dem Klub anzuschließen. Potenzielle Kandidaten gibt es viele: 70 weitere Staaten haben beschlossen, bis 2050 klimaneutral zu werden. Auf seiner Reise nach Südamerika im Januar 2023 gelang es Bundeskanzler Scholz, die Präsidenten Argentiniens und Chiles für einen Beitritt zu gewinnen, Brasilien bleibt einstweilen auf Distanz.

Ein Weg, um grenzüberschreitend und zielsicher den Ausstoß von Treibhausgasen zu senken, ist der Emissionshandel. Die Politik legt fest, welche Menge an Treibhausgasen ausgestoßen werden darf. Wer zum Ausstoß beiträgt, wie beispielsweise Industrieunternehmen, wird verpflichtet, eine entsprechende Menge von Emissionsrechten vorzuhalten, sogenannte Zertifikate. Nicht genutzte Emissionszertifikate können frei gehandelt werden, dadurch bildet sich ein Preis für den Ausstoß von Treibhausgasen. So entstehen Anreize, in kohlenstoffarme Technologien zu investieren. Ziel muss es sein, einen globalen Emissionshandel zu etablieren. Länder des Südens, in denen sich der Ausstoß von Treibhausgasen mit geringem Aufwand vermeiden lässt und erneuerbare Energien sich günstig ausbauen lassen, bräuchten weniger Emissionszertifikate zu erwerben, Länder des Nordens müssten die Kosten tragen. Kenia produziert heute die Hälfte seines Strombedarfs aus Geothermie, so viel wie kein anderes Land der Welt. Bis 2030 will es diese Kapazität verdoppeln.

Einen entsprechenden Handel mit Emissionszertifikaten gibt es in der Europäischen Union seit 2005. Ab 2027 sollen neben Zertifikaten für die Sektoren Industrie und Energie auch solche für die Sektoren Gebäude/Wärme und Verkehr eingeführt werden. Ziel muss es sein, die beiden europäischen Emissionshandelssysteme mit Systemen in Ländern wie den USA oder China zu verknüpfen.

Mittelfristig könnten die beiden Pfade der internationalen Klimakooperation, Klimaclub und Emissionshandel, vereint und der Verbund zum Dach eines weltweiten Systems für den Handel mit Emissionszertifikaten ausgebaut werden. Ein globaler »Mengendeckel« sollte die Emissionen dann wirksam und verbindlich begrenzen. Zwei Instrumente könnten den Weg zu einem solchen globalen Mengendeckel ebnen: ein globaler Preis für CO_2 und ein »Klimazoll«. Werden bestimmte Güter aus Ländern ohne CO_2-Preis in Handelsräume wie die EU mit CO_2-Preis importiert, werden diese Güter mit demselben Kohlenstoffpreis belegt, der innerhalb des jeweiligen Handelsraums gilt. Dies würde den »Wasserbetteffekt« verhindern und Wettbewerbsnachteile beispielsweise europäischer Unternehmer ausgleichen, die für ihre Emissionen Zertifikate erwerben müssen. So kann die jeweilige Industrie wettbewerbsfähig bleiben, und zugleich kann ein Anreiz für Länder wie China geschaffen werden, CO_2 ebenfalls umfassender zu bepreisen.

Die Interessen des weltweit größten Verursachers klimaschädlicher Treibhausgase unterscheiden sich grundsätzlich nicht von den unseren. »Wir werden uns noch mehr anstrengen, nichtfossile Energieträger auszubauen, schneller den Höhepunkt des CO_2-Ausstoßes zu erreichen und eine kohlenstoffarme Industrie aufzubauen«, versicherte Chinas Umweltminister 2021 beim Davoser Weltwirtschaftsforum. Im gleichen Jahr startete sein Land mit dem Emissionshandel, wenn auch auf verhältnismäßig niedrigem Niveau. Rund 2200 Firmen, vor allem staatliche Betreiber von Kraftwerken, wurden hierzu verpflichtet. Ein erster Schritt auf dem Weg zu einem ehrgeizigen Ziel: Bis 2060 will auch China CO_2-neutral sein.

Russlands Krieg gegen die Ukraine hat sich – und dies liegt zweifellos nicht im Interesse Moskaus – zu einem wichtigen Treiber der Energiewende entwickelt. Westliche Regierungen bemühen sich verstärkt darum, weltweit Kooperationen auszubauen, russische Lieferausfälle auszugleichen und den Einsatz erneuerbarer Energien vorranzubringen. In Deutschland wurden Genehmigungsverfahren, etwa für die Verlegung von Stromtrassen oder Solar- und Windkraftanlagen, unter dem Eindruck des Krieges beschleunigt. »Es gibt jetzt einen stärkeren Willen, den Status Quo zu verändern«, meinte Bill Gates in dem bereits erwähnten Interview, in dem er die Vorreiterrolle Europas hervorhob. Kaum irgendwo in der Welt sei der Wille, gegen den Klimawandel anzugehen, so stark wie hier. »Davon profitiert der Rest der Welt enorm. Die USA folgen nun langsam.« Bei der neuen Generation von Batteriezellen und Solaranlagen hätten europäische Technologieunternehmen große Chancen, weltweit führend zu werden. »Die ersten zwei Runden mag China gewonnen haben, nun ist das Rennen wieder offen.«

DER LOCKRUF DES AUTORITÄREN

Zu den größten Herausforderungen, vor denen der Westen steht, gehört, dass unser politisches Ordnungsmodell von einer wachsenden Zahl von Menschen und Staaten infrage gestellt wird. In fataler Wiederholung der Geschichte erliegen sie den Verlockungen der einfachen Antworten, der starken Führer und autoritären Herrschaft. Dazu gehört, dass diese vermeintlich Schutz bieten, vor der Unübersichtlichkeit einer scheinbar überkomplexen Welt, vor der Bedrohung überkommener Werte, Traditionen und Lebensformen.

Viele Menschen in Russland mögen Zweifel daran haben, dass ihr Land vom Westen militärisch akut so bedroht war und der »Zusammenstoß mit den Neonazis« so unmittelbar bevorstand, dass es »präventiv auf die Aggression« reagieren musste, wie ihr Präsident ihnen in der Rede zum »Tag des Sieges« am 9. Mai 2022 erklärt hatte. Doch in einem dürften sie sich mehrheitlich einig sein: So wie es »im Westen« heute zugeht, so wollen wir nicht leben. Und es stimmt ja möglicherweise auch, werden sie sich sagen, was der Präsident und seine Medien uns erzählen: »Der kollektive Westen«, wie er von Moskau genannt wird, führt einen Kulturkampf gegen Russland; er will uns zwingen, nach Vorstellungen zu leben, die uns nicht gefallen, Vorstellungen, die »entartet« sind.

Russland, so wird die Propaganda nicht müde, den Menschen zu suggerieren, ist eben das letzte Land, das die guten alten Werte vertritt, Erbe und Hüter des christlichen Abendlandes. Und Russland hat eine Mission, dieses Erbe zu verteidigen. Wurden nicht Moskau und das Moskauer Patriarchat mit dem Untergang von Rom und Byzanz, dem west- und dem oströmischen Reich, zum »dritten Rom«? Was spielt es da für eine Rolle, dass es mit der Einhaltung der alten christlichen Werte auch in Russland nicht so weit her ist? Vor allem die Gewalt ist ein endemisches Problem seiner Gesellschaft, die Exzesse russischer Soldaten in der Ukraine geben davon Zeugnis. Russland ist das einzige europäische Land neben Aserbaidschan und Belarus, das die »Istanbul-Konvention« von 2011 nicht unterzeichnet hat, ein Übereinkommen zur Verhütung und Bekämpfung von Gewalt gegen Frauen und häuslicher

Gewalt. Vielmehr wurde sechs Jahre später das russische Strafgesetzbuch geändert: Körperverletzung in der Familie hat seither keine strafrechtlichen Konsequenzen mehr, sondern gilt als bloße Ordnungswidrigkeit.

Die missionarische Vorstellung vom Bollwerk gegen moralischen Verfall paart sich im Denken der russischen Führung mit einem zweiten Gefühl der Überlegenheit: Das autoritäre politische System sei handlungsfähiger, entscheidungsfreudiger, entschlossener und zukunftsfähiger als das demokratische des Westens. Hat der autokratische Führer seine Macht einmal gefestigt, muss er keine Rücksicht mehr nehmen auf Parlament, Opposition oder öffentliche Meinung. Hat er einmal entschieden, wird ihm niemand widersprechen, ja, selbst komplette Kehrtwendungen werden zu Schritten der Klugheit und Weitsicht erklärt. Jüngstes Beispiel ist die Wende Pekings in der Corona-Politik um 180 Grad. Kompletter Lockdown – bravo, Xi Jinping! Komplette, unkontrollierte Öffnung – bravo, Xi Jinping! So oder so: China geht stets den weltweit besten Weg.

Und stimmt es nicht, war nicht gerade in den letzten Jahren das Moment der Überraschung oft auf Seiten autoritärer Führer, sei es nun Xi Jinping, Putin oder Kim Jong-un gewesen, die mit schnellen und radikalen Entscheidungen immer wieder verblüfften? Geschickt wussten sie sich in Szene zu setzen, indem sie die angebliche Uneinigkeit und Zerrissenheit des Westens als dessen große Schwäche hervorkehrten. Aber schwierige Entscheidungsfindungen, öffentlicher Streit, der Zwang zum Konsens und mühsame parlamentarische Prozeduren gehören nun einmal zum Wesen der Demokratie; weil sie immer aufs Neue vor Wahlen stehen, müssen die politischen Führungen ständig Rechenschaft ablegen und vielerlei Rücksichten nehmen.

Der Vorwurf, wir wollten anderen unsere Vorstellungen und Weltsicht vorschreiben, ist aus der Sicht eben dieser anderen durchaus nachvollziehbar. Bisweilen sind auch wir missionarisch unterwegs. Wir ermahnen andere gern und erinnern sie an das, was wir im Zeichen des Fortschritts für deren Pflichten halten, und fühlen uns berufen, weltweit immer neue Rechte und ethische Standards durchzusetzen, deren Einhaltung wir dann natürlich auch überwachen wollen. Mit dem Recht auf Verschiedenheit nehmen wir es nicht immer so genau und vergessen obendrein, dass auch unsere eigenen Überzeugungen sich immer mal wieder ändern. »Wenn du nicht genauso tolerant bist wie ich, kann ich ganz schön ungemütlich werden!«

Viele Gesellschaften ziehen ein traditionelleres, man kann auch sagen, konservativeres Verhalten dem Fortschrittsdenken vor. Deshalb sind sie noch lange nicht rückständig. Italiener setzen sich nun einmal anders als die Finnen nicht gern nackt in die Sauna. Sind sie deshalb prüde? Menschen, die aus anderen Teilen der Welt zu uns kommen und auf Werbeplakaten der Regierung fröhlich zum Sex ermuntert werden – vorausgesetzt, er wird verantwortungsvoll praktiziert –, dürfen verstört sein.

Bei ihrem Engagement in Afrika oder im Nahen Osten kann die russische wie die chinesische Politik auf eine verbreitete Grundstimmung bauen, die sich gegen »westliche Dominanz« richtet. In ihr bündeln sich eine Reihe von Faktoren: die Erfahrungen der Kolonialzeit, politisch motivierte Einflussnahme in der Zeit des Kalten Krieges (in der sich Moskau und Peking häufig als zuverlässige Verbündete der »Blockfreien« bewiesen), beherrschende Geschäftsinteressen europäischer und amerikanischer Unternehmen, eine »Entwicklungshilfe«, die sich bisweilen mehr an nördlichen Überlegungen als an südlichen Gegebenheiten ausrichtete, und nicht zuletzt als solche empfundene politische Bevormundung, insbesondere durch die USA.

Es ist ein schmaler Grat, den wir zu gehen haben, zwischen Bevormundung und dem Einsatz für Lösungen, die genuin im Interesse der Entwicklung anderer Länder liegen. Denn der Hinweis auf Verschiedenheit wird eben auch als Ausrede benutzt, um grundlegende Menschen- und Freiheitsrechte nicht einhalten, Bürgerinnen und Bürger nicht am Geschick ihres Landes beteiligen, Mädchen nicht die gleichen Bildungschancen geben zu müssen wie Jungen, um Frauen vom gesellschaftlichen und politischen Leben fernhalten und um bestimmen zu können, wem welche Informationen zur Verfügung gestellt werden. Doch 1948 wurde von der Generalversammlung der Vereinten Nationen die Allgemeine Erklärung der Menschenrechte verabschiedet (China stimmte zu, die Sowjetunion enthielt sich), die ihre Wurzeln in vielen Kulturen finden. Viele Staaten haben diese Rechte seither in ihre Verfassung aufgenommen, die »Organisation für afrikanische Einheit« hat sie 1963 zum Teil ihrer Gründungsakte gemacht. 1966 wurden der »Internationale Pakt über bürgerliche und politische Rechte« verabschiedet sowie der »Internationale Pakt über wirtschaftliche, soziale und kulturelle Rechte«. Auf diese Verabredungen und Verträge dürfen und müssen wir uns berufen.

Wenn die russische Führung sich jede Einmischung in die inneren Angelegenheiten verbietet, darf sie daran erinnert werden, dass in der OSZE-Charta ausdrücklich verabredet wurde, dass das Beharren auf den gemeinsam vereinbarten Regeln eben nicht als Einmischung betrachtet werden darf. Und wenn die Anmahnung von Menschen- und Bürgerrechten und der Einsatz für die Rechte von Minderheiten von der Führung in Peking empört als westliche Überheblichkeit zurückgewiesen werden, kann darauf hingewiesen werden, dass auch China die Menschenrechtscharta der Vereinten Nationen unterschrieben hat, die diese Rechte gewährleistet, und dass es 2004 seine Verfassung um den Satz ergänzt hat: »Der Staat respektiert und gewährleistet die Menschenrechte.« Auch die Deutschen müssen es sich gefallen lassen, wenn internationale Organisationen beispielsweise den schleppenden Gang von Justizverfahren hierzulande kritisieren – und sollten sich beeilen, die Missstände möglichst schnell abzustellen.

Zugleich sollten wir nicht überall auf der Welt vom hohen Ross herab die Einhaltung von Standards verlangen, die bei uns selbst vor nicht allzu langer Zeit noch nicht gegolten haben. Doch wer komplette Zurückhaltung anmahnt, übersieht leicht, dass beispielsweise ein gleichberechtigter Zugang zu Bildung elementare Voraussetzung gesellschaftlichen Fortschritts ist, dass eine angemessene Verteilung von Wohlstand sozialen Frieden sichert oder dass Verfolgung und zwangsweise Assimilierung von Minderheiten Kolonialismus in neuem Gewande sind.

Kulturelle Unterschiede und gewachsene Traditionen zu respektieren, ist eine Bedingung friedlichen Miteinanders. Nicht jedes Land muss eine Kopie der Westminster-Demokratie einführen. Aber sich im Dialog mit anderen Ländern für Lösungen einzusetzen, die diesen eine gute, eigenständige Entwicklung ermöglichen, ist etwas anderes als Bevormundung. Die Beteiligung möglichst vieler Menschen am Geschick ihres Landes, die Aussicht, durch Wahlen einen politischen Wechsel herbeiführen zu können, Kontrolle durch Opposition und unabhängige Medien bleiben nun einmal die besten Voraussetzungen, den Irrwegen autoritärer Alleinherrschaft vorzubeugen. Auch wenn die politische Verfassung eines Landes nicht unseren Vorstellungen entspricht, ist es dennoch sinnvoll, für den Aufbau eines funktionierenden Rechtsstaates zu werben, weil er Sicherheit und Vertrauen schafft und somit allein schon die Chance, ausländische Investoren zu gewinnen.

Die Behauptung, der Westen sei allein von einem missionarischen Fortschrittsgeist getrieben, verkürzt überdies unsere Geschichte der Moderne. Unsere Überzeugung, dass die Welt sich verbessern lässt, ist nicht zu denken ohne die zweite Seite dieser geistesgeschichtlichen Tradition: die Kraft und Fähigkeit zu Kritik und Korrektur. Die Einsicht in die Unzulänglichkeit und Fehlerhaftigkeit des Menschen und seiner Entscheidungen ist Erbe jener christlichen Tradition, auf die Russlands Präsident sich so gerne beruft. Deshalb haben wir jene starken politischen Institutionen aufgebaut, sind politische Konflikte und Kontroversen Bestandteil des demokratischen Systems. Unsere vermeintlichen Schwächen – der demokratische Diskurs, der ständige Blick Verantwortlicher darauf, auch abgewählt werden zu können, die Gewaltenteilung und ihre Kontrollmechanismen, freie Medien, die Fehler aufzeigen und den Finger in Wunden legen, und unsere ewige, mühsame Suche nach dem Kompromiss – sind in Wahrheit unsere Stärken. Nur eine offene Gesellschaft, die dem Einzelnen die Chance gibt, erfolgreich zu sein, spornt Bürgerinnen und Bürger an, sich kritisch und konstruktiv zu beteiligen. Wir streben Idealen nach und wissen doch, dass wir sie mit der Wirklichkeit in Einklang bringen müssen – in unserem privaten Leben genauso wie im politischen Raum.

Aber sind nicht die Autokratien trotzdem auf dem Vormarsch? Es lohnt ein kurzer Blick zurück. Vor einem halben Jahrhundert gab es in Westeuropa, im Kreis der NATO-Partner, drei Diktaturen: Griechenland, Spanien und Portugal. Die Staaten Südamerikas schienen fast gesetzmäßig dazu bestimmt, von Militärregimen beherrscht zu werden. Taiwan war eine Einparteienherrschaft, Südkorea eine Militärdiktatur. Die östliche Hälfte unseres Kontinents lebte in von der UdSSR abhängigen Diktaturen. Autoritär regierte Länder erscheinen stets stark und auf Dauer angelegt, und können doch plötzlich ins Wanken geraten, so wie 2022 China und Russland, der Iran und die Türkei. In der unbeschränkten Macht liegt eben zugleich die Schwäche autoritärer Systeme: Wo der Widerspruch fehlt, hängt das Wohl und Wehe von den Denkrastern und dem Urteilsvermögen ihrer Führer ab und von den blinden Flecken ihrer Wahrnehmung.

Dennoch sahen und sehen insbesondere die USA die Demokratien grundsätzlich durch die Autokratie herausgefordert, und nicht zu Unrecht. Bereits im Jahre 2000 war es aus Sorge, die Zukunft könnte von einer fundamentalen Auseinandersetzung zwischen Freiheit und Diktatur bestimmt sein, zur Gründung einer »Gemeinschaft der Demokratien« gekommen. So richtig es ist, dass freiheitlich verfasste Staaten es sich zum Ziel setzen, demokratische Normen und Institutionen weltweit zu fördern und zu stärken, so unterschiedlich sind oft die Vorstellungen der einzelnen Mitglieder solcher Zusammenschlüsse.

Die Initiative »Gemeinschaft der Demokratien« wurde unter anderem durch den mutigen Oppositionellen gegen das sozialistische System und späteren liberalen Außenminister des freien Polen Bronisław Geremek in Warschau gegründet, wo auch ihr Sekretariat seinen Sitz hat. Ausgerechnet die polnische Regierung musste sich in den zurückliegenden Jahren den Vorwurf gefallen lassen, die Unabhängigkeit der Judikative zu beschneiden. Bei anderen Mitgliedstaaten ist es um den Zustand der Demokratie nicht weniger gut bestellt. Auch Ungarn macht immer wieder vor, wie dehnbar politische Begriffe sind, auf die sich alle verständigt zu haben scheinen. Ist es angesichts der unterschiedlichen und wechselnden politischen Verfasstheit so vieler Staaten überhaupt sinnvoll, die Welt entlang einer scharfen Trennungslinie aufzuteilen?

Unter dem Druck der gegenwärtigen Herausforderung zeigt

sich überdies, dass die außenpolitische Orientierung eines Staates sich nicht unbedingt nach der Natur seines politischen Systems richtet. Den Resolutionen der Generalversammlung der Vereinten Nationen, die die russische Aggression verurteilten, schlossen sich viele Staaten an, die nicht demokratisch verfasst sind; demokratisch orientierte Länder wie Indien oder Südafrika enthielten sich. Eine enge Kooperation von Demokratien ist eine gute Idee, solange eine solche Gemeinschaft auf Schutz und Vorbild angelegt ist. Wird sie zum Instrument der Konfrontation, wie es manche gern wollen, kann ein Zusammenschluss der einen, der »guten Demokraten«, tendenziell bewirken, dass die anderen, die »schlechten Autokraten«, näher zusammenrücken.

Jenseits aller Spannungen und Konfrontationen sind wir aus den vielen genannten Gründen auf Kooperation angewiesen. Wir sollten keine Frontstellungen aufbauen, die wie eine neue Blockbildung wirken, sondern bereit und in der Lage sein, auch mit den Regierungen Vietnams und Katars zu reden und Verabredungen zu treffen. Außenpolitik ist keine Schönwetterveranstaltung. Der beharrliche Dialog mit autoritären Führungen kann zudem Verbesserungen für Bürgerinnen und Bürger jener Länder bringen, mag sich auch an deren politischer Verfassung – einstweilen – nichts ändern.

Demokratien sind auch im Innern durch die autoritären Verlockungen gefährdet, ihre Institutionen nicht länger akzeptiert. Wenn Globalisierung nicht allein zum Verlust von Arbeit führt, sondern bei den Betroffenen auch das Gefühl entsteht, dass ihre Wurzeln gekappt und sie ihrer Würde beraubt werden sollen. Wenn Menschen sich durch Vorgaben, was politisch korrekt und was nicht korrekt ist, bevormundet und entrechtet fühlen. Wenn politische Fehler nicht eingeräumt und Verantwortliche nicht zur Rechenschaft gezogen werden. Wenn der

Staat seiner elementarsten Aufgabe nicht mehr nachkommt, Sicherheit und öffentliche Ordnung zu gewährleisten. Wenn der politische Diskurs mehr und mehr von Rechthaberei und Herabsetzungen geprägt ist. Wenn die Probleme der Welt übergroß und unentwirrbar erscheinen und Politik hierauf keine guten, verständlichen und überzeugenden Antworten gibt. Dann kann daraus eine Polarisierung entstehen, in der der politische Gegner zum unversöhnlichen Feind wird, der unerbittliche Angriff den Dialog zerstört, die gesellschaftliche Mitte erodiert. Dann verfangen die großen Versprechungen.

DIE SICHERHEIT EUROPAS

DER WERT VON SICHERHEIT

Autoritäre Staaten fordern unsere freiheitlichen Ordnungen grundlegend heraus, auch in unseren Ländern. Russland geht noch einen Schritt weiter: Es gefährdet unsere Sicherheit. Wir Europäer sind allein nicht in der Lage, uns vor einer Gefahr, wie sie von Russland ausgeht, zu schützen. Daher sind wir Teil der NATO, deren Mitglieder sich gegenseitig Beistand versprochen haben, und die in erster Linie auf den Schutz ihres mächtigsten Partners vertrauen, der USA.

Zwei Länder Europas, die jahrzehntelang das Prinzip der Neutralität hochgehalten hatten, änderten ihre Politik im Angesicht der russischen Bedrohung grundlegend und beantragten, Mitglied des nordatlantischen Bündnisses zu werden: Finnland und Schweden. Versetzt man sich in das Denken der russischen Führung, so hat Wladimir Putin mit seinem Krieg auch hier den strategischen Interessen seines Landes Schaden zugefügt. Statt die »Finnlandisierung Europas« zu erreichen, habe Putin mit seiner Aggression die »NATO-isierung Finnlands« erreicht, stellte Präsident Biden fest. Seit dem Zweiten Weltkrieg war das westlich ausgerichtete Finnland neutral gewesen und hatte sich daher um gute Beziehungen auch zum mächtigen Nachbarn Sowjetunion bemüht, was manche Konzessionen und Abstriche an der Souveränität mit sich brachte.

Seit seiner Gründung 1949 hat das Verteidigungsbündnis zuverlässig unsere Sicherheit und Freiheit gewährleistet. Auf ihrem Gipfel in Madrid im Juni 2022 beschlossen die dreißig Mitgliedstaaten angesichts der »veränderten Sicherheitsumgebung« ein neues strategisches Konzept. Russland, so heißt es dort, sei die »größte und unmittelbarste Bedrohung für die Sicherheit der Verbündeten«, China fordere »unsere Interessen, unsere Sicherheit und unsere Werte« heraus. Das Konzept bekräftigt, dass »das Hauptziel und die größte Verantwortung des Bündnisses« darin bestehe, »die kollektive Verteidigung der Bündnispartner zu gewährleisten«. Diese ist in Artikel 5 des NATO-Vertrages geregelt, dem zufolge »ein bewaffneter Angriff gegen eine oder mehrere [Vertragsparteien] in Europa oder Nordamerika als ein Angriff gegen sie alle angesehen werden wird« und sie in einem solchen Fall einander Beistand leisten.

Hatte Deutschland sich in der Vergangenheit Kritik zugezogen, weil es der Verabredung der NATO-Partner nicht nachgekommen war, 2 Prozent seines Bruttoinlandsproduktes für Verteidigung auszugeben, so machte Olaf Scholz in seiner Regierungserklärung im Deutschen Bundestag drei Tage nach Kriegsbeginn klar, dass Deutschland seine »Verteidigungsausgaben bis 2024 auf 2 Prozent unserer Wirtschaftsleistung« steigern werde. Für die lange vernachlässigte Bundeswehr wurde ein Sondervermögen von 100 Milliarden Euro eingerichtet. Dass es mit der Umsetzung dieser beiden Ziele hapert, schadet unserer Glaubwürdigkeit. 2022 landeten wir bei 1,49 Prozent, 17 der dreißig Mitgliedstaaten lagen vor uns. Künftig werden wir wesentlich mehr leisten müssen als in der Vergangenheit, um überzeugend unsere eigene Sicherheit, die des Bündnisses und jene Abschreckung gewährleisten zu können, die der Kern der NATO-Doktrin ist.

Abschreckung bedeutet, einem potenziellen Gegner glaubwürdig zu vermitteln, dass ein mögliches aggressives Handeln keine Aussicht auf Erfolg hat und er womöglich seine eigene

Vernichtung riskiert. Hierzu dienen sowohl konventionelle militärische Fähigkeiten als auch nicht-konventionelle, sprich: die nukleare Abschreckung. Wegen des furchtbaren Vernichtungspotenzials von Nuklearwaffen fällt es uns schwer, in dieser Logik zu denken. Doch entziehen können wir uns ihr nicht, solange diese Waffen in der Welt und wir selbst damit bedroht sind. Wir können uns die Atombombe nicht wegwünschen, nur mit Nachdruck daran arbeiten, dass es zu einem tatsächlichen, weltweiten Verbot und einer Abschaffung dieser Waffen kommt.

Bis dahin müssen auch wir Deutsche auf das Konzept der Abschreckung setzen und dazu beitragen, sie glaubhaft zu halten. Die Bundesregierung hat daher die richtige Entscheidung getroffen, jene Flugzeuge zu erneuern, die atomar bestückt werden können und unseren Beitrag zum NATO-Konzept darstellen. Das Prinzip der Abschreckung muss allerdings auch erklärt werden, es muss dafür geworben werden wie für Verteidigung insgesamt. Wir müssen unsere Sicherheit wertschätzen, und den dafür notwendigen Preis anerkennen. Im neuen außenpolitischen Positionspapier der SPD vom Januar 2023 – »Sozialdemokratische Antworten auf eine Welt im Umbruch« – taucht das Wort »Frieden« dreiunddreißigmal auf, das Wort »Freiheit« neunmal – »Abschreckung« überhaupt nicht. »Die atomare Abschreckung« habe »Putin nicht abgeschreckt, den Krieg zu beginnen«, meinte SPD-Fraktionschef Mützenich in einem Interview mit der »taz« auf das Jahr 2022 zurückblickend, was deren Wert grundsätzlich infrage stellte. Und: Die Ukraine verfügt über gar keine nukleare Abschreckungsfähigkeit, und kein Partner hatte eine entsprechende Verpflichtung übernommen.

EUROPAS RINGEN UM EINE GEMEINSAME AUSSEN- UND SICHERHEITSPOLITIK

Die Abschreckung, die unseren Frieden in Freiheit überzeugend und verlässlich schützt, wird von den USA geleistet. Genau an diesem Punkt setzten daher auch die russischen Forderungen vor Ausbruch des Ukrainekrieges an: Die USA sollten ihren nuklearen Schutzschirm über Europa zurückziehen. Wladimir Putin wollte und will Europa dominieren, indem er uns schwächt. Präsident Biden hat unmissverständlich klargestellt, dass die USA an ihrer Verpflichtung, die europäischen Verbündeten zu schützen, festhalten.

Angesichts der Polarisierung in den USA und der Neigung republikanischer Politiker, sich ganz auf die Auseinandersetzung mit China zu konzentrieren und die Europäer aufzufordern, sich um ihre Angelegenheiten stärker selbst zu kümmern, gehen wir ungewissen Zeiten entgegen. Wir stehen vor einem doppelten Dilemma: Seit Russland die Ukraine angegriffen hat, sind wir noch sichtbarer und stärker auf die amerikanische Bereitschaft angewiesen, Europa zu schützen – und gleichzeitig können wir uns nicht darauf verlassen, dass die USA bei dieser Politik bleiben. Allein die enorme Hilfe zu ersetzen, die die USA der Ukraine zukommen lassen, dürfte nur schwer möglich sein. Und doch könnte eine künftige amerikanische Regierung dies zu einer europäischen Aufgabe erklären.

Würden die USA ihre Zusage entscheidend abschwächen, Europa militärisch zu schützen, wäre es schlecht um den alten Kontinent bestellt. Wir verfügen über keine unabhängige Verteidigungs- und Abschreckungsfähigkeit, unsere mangelnde Handlungsfähigkeit im Bereich der Außen- und Sicherheitspolitik ist unsere Achillesferse. Hieran müssen wir dringend arbeiten – nicht um die NATO zu ersetzen, sie ist und bleibt ein hervorragendes und funktionierendes Bündnis. Aber um im Fall der Fälle in der Lage zu sein, uns aus eigener Kraft zu schützen.

Das Dilemma fängt mit der Rüstungsbeschaffung an. »Zusammenarbeit bleibt eher die Ausnahme als die Regel«, tadelte die Europäische Verteidigungsagentur in ihrem zweijährlichen Bericht vom November 2022 die Mitgliedstaaten. »Gegenwärtig bleibt die nationale Verteidigungsplanung darauf fokussiert, die Vergangenheit zu reparieren, statt die Zukunft zu gewinnen, indem in innovative und mögliche gemeinsame Fähigkeiten investiert wird.« Statt, wie verabredet, 35 Prozent in gemeinsame Programme zu investieren, waren es lediglich 18 Prozent. Die europäischen Streitkräfte sind mit einem Dutzend unterschiedlicher Kampfpanzer-Systeme ausgerüstet, im Bereich der Luftwaffen und Marinen ist die Vielfalt teils noch größer. Dabei existiert in Europa eine leistungsfähige Rüstungsindustrie, deren Potenziale durch Abstimmung und Zusammenarbeit wesentlich besser ausgeschöpft werden könnten.

Europa in der Außen- und Sicherheitspolitik handlungsfähig zu machen, ist seit Jahren ein ehrgeiziges Unterfangen. Sich Mehrheitsentscheidungen zu unterwerfen oder gar Zuständigkeiten ganz abzutreten – wie es etwa bei der Übertragung der Handelspolitik an die EU-Kommission geschehen ist –, berührt den Kern nationalen Selbstverständnisses. Daher gilt im Bereich europäischer Außenpolitik, wie in einigen anderen sensiblen Bereichen, bislang das Prinzip der Einstimmigkeit. Russlands Krieg hat jedoch den Verantwortlichen in allen Hauptstädten der EU drastisch vor Augen geführt, wie dringend notwendig hier ein geschlossenes Vorgehen wäre. Es ist daher nicht aussichtslos, dass das Bohren dieses harten Brettes doch noch von Erfolg gekrönt sein könnte.

Umso wichtiger ist es, den beharrlichen Dialog mit Polen

und anderen Partnern zu führen, die einer Integration im Bereich der Außen- und Sicherheitspolitik skeptisch gegenüberstehen. Warschau scheint eher auf enge bilaterale Bindungen mit London und Washington zu setzen. Doch es könnte sich eben erweisen, dass Washington nicht gleichermaßen verlässlich ist wie die europäischen Nachbarn, wenn sie gemeinschaftlich handeln. In einer funktionierenden NATO bringen die Europäer, wenn sie ihre Verteidigungsaufgaben selbst ernst nehmen, in der Partnerschaft mit den USA gemeinsam mehr Gewicht auf die Waage als jeder für sich. Der Wunsch sehr vieler Bürgerinnen und Bürger der EU nach einer geschlossenen und autonomen Handlungsfähigkeit der EU auch in der Außen- und Sicherheitspolitik dürfte häufig größer sein als die Bereitschaft ihrer politischen Führungen, sich hierauf auch tatsächlich zu verständigen.

Bis es so weit ist, sollten wir erwägen, von der im EU-Vertrag vorgesehenen Möglichkeit Gebrauch zu machen, von Fall zu Fall in Gruppen einzelner Staaten voranzugehen, die bereit und fähig sind, Initiativen zu ergreifen. Dabei muss stets auf den gesamteuropäischen Zusammenhalt geachtet werden; entsprechende Initiativen sind transparent zu gestalten und für andere offenzuhalten. Auch könnte man bei bestimmten Themen wie Sanktionen oder Menschenrechten beginnen, vom Einstimmigkeitsprinzip zu Mehrheitsentscheidungen überzugehen, wie Bundeskanzler Scholz in einer Grundsatzrede im August 2022 in Prag vorgeschlagen hat.

Im März 2022 haben die Mitgliedstaaten der Union einen »Strategischen Kompass für mehr Sicherheit und Verteidigung der EU im nächsten Jahrzehnt« vereinbart. Die Initiative dazu war 2020 von Deutschland ausgegangen, das damals die EU-Ratspräsidentschaft innehatte. Der Fokus dieses weitgehend vor dem Beginn des russischen Angriffskrieges erarbeiteten Dokuments liegt stark auf Fragen des zivilen und militärischen Krisenmanagements. Richtig ist: Das militärische Instrument ist immer nur ein Mittel des politischen Handelns, ein letztes. Humanitäre Hilfe, Stabilisierung von Zivilgesellschaft in schwachen Staaten, entwicklungspolitische Zusammenarbeit bleiben wichtige Elemente von Sicherheitspolitik; gemeinsam geben die Europäer dafür jährlich mehr aus als die USA. Aber Wladimir Putin hat uns in eine neue Realität gezwungen. Dem wird der strategische Kompass nur bedingt gerecht, in Summe ist er mehr ein Bündel konkreter Verabredungen als eine Strategie; es bleibt den einzelnen Mitgliedstaaten überlassen, die Vereinbarungen auch umzusetzen. Von einer gemeinsamen europäischen Armee sind wir noch weit entfernt. Vor siebzig Jahren waren wir einmal weiter. Im März 1953 ratifizierte der Bundestag den Vertrag zur Gründung einer »Europäischen Verteidigungsgemeinschaft«. Doch am Ende gab es unter den Beteiligten – Frankreich, Italien, den Benelux-Staaten und der Bundesrepublik – keine Einigkeit.

Wir sollten uns darum bemühen, im Bereich der Sicherheits- und Verteidigungspolitik auch das Vereinigte Königreich miteinzubeziehen, soweit es dies wünscht. Großbritannien hat den nach Russland größten Verteidigungshaushalt in Europa, verfügt über starke einsatzfähige Streitkräfte sowie über Mittel der nuklearen Abschreckung. Vor die denkbare Alternative gestellt, eines Tages näher mit uns oder mit einem trumpistischen Amerika zusammenzugehen, könnte London trotz der »special relationship« des Vereinigten Königreiches mit den USA seinen sicherheitspolitischen Platz vielleicht doch eher an der Seite Kontinentaleuropas sehen.

Europa ist immer dann gut gefahren, wenn die beiden größten Mitgliedstaaten der Union gemeinsam an einem Strang zogen und Verantwortung übernahmen, Deutschland und

Frankreich. Die anderen wollen nicht dominiert werden, erwarten jedoch, dass die Schwergewichte sich einig sind, gemeinsam Führung übernehmen und die Partner für ihre Initiativen gewinnen. Das deutsch-französische Verhältnis ist von jeher eines der vorsätzlichen Freundschaft gewesen, eine Partnerschaft des bewussten und beharrlichen Vorsatzes zweier Länder, die in vielem unterschiedliche Vorstellungen von wirtschaftlicher und politischer Ordnung haben und einen unterschiedlichen Blick auf die Welt. Immer wieder neu müssen wir uns mit der Bereitschaft zum Kompromiss zusammenraufen, daher sollte man regelmäßig auftretende Irritationen nicht zu hoch bewerten.

Ein starkes Format für gemeinsame Impulse ist im Prinzip auch das »Weimarer Dreieck«. Unter diesem Dach sind mit Frankreich, Deutschland und Polen »der Westen, die Mitte und der Osten« der Europäischen Union versammelt. Derzeit bleibt das »Weimarer Dreieck« unter seinen Möglichkeiten, die gegenwärtige nationalkonservative Regierung in Warschau zieht es vor, die eigene Wählerschaft mit empörter Nörgelei über »Brüssel« und antideutscher Stimmungsmache bei Laune zu halten. An dem Ziel, unser großes, wirtschaftlich erfolgreiches östliches Nachbarland mit zum Motor europäischer Initiativen zu machen, sollten wir aber unbedingt festhalten. Kaczyńskis Tiraden haben nichts daran ändern können, dass in keinem anderen Land der EU die Zustimmung zur Union so hoch ist wie in Polen, Umfragen stellen dies immer wieder eindrucksvoll unter Beweis.

Im Bereich der gemeinsamen Verteidigungspolitik hat der französische Präsident wiederholt ambitionierte Vorschläge gemacht, die in Berlin etwas verlegen beiseitegeschoben wurden. Zuletzt hat Emmanuel Macron auf der Münchner Sicherheitskonferenz im Februar 2023 seine Bereitschaft erklärt, auch das französische Nuklearasenal in eine gemeinsame europäische Verteidigungsstrategie einzubinden, und den Partnern einen strategischen Dialog hierüber angeboten. Angesichts der Ungewissheit über den weiteren Weg der USA sollten wir bereit sein, bei diesem unbestritten komplexen und schwierigen Thema ins Gespräch zu kommen, um auf Eventualitäten vorbereitet zu sein. Die nuklearen Fähigkeiten Frankreichs (oder auch Großbritanniens) können jene der USA nicht annähernd ersetzen, aber sie können, wenn sie Teil einer gemeinsamen europäischen Strategie sind, zur Glaubwürdigkeit der Abschreckung eines auf sich gestellten Europas beitragen. Zu den Schwierigkeiten eines Gesprächs mit Paris über nukleare Teilhabe zählt eine mangelnde Kultur strategischen Nachdenkens bei den Partnern – auch und gerade bei uns in Deutschland.

EUROPA JENSEITS DER EU

Europa ist größer als die EU – Großbritannien ist ausgetreten, Norwegen und Island gehören lediglich der NATO an, die Schweiz keinem der beiden Bündnisse, andere Staaten erhoffen sich einen Beitritt, manche liegen an der Peripherie, unterhalten aber enge Bindungen zu uns. In vieler Hinsicht stimmen die Interessen aller dieser Länder mit denen der EU-Mitglieder überein. Es war eine strategische Überlegung des französischen Präsidenten, diesen größeren europäischen Raum näher zusammenzuführen, ohne gleich ein neues Bündnis zu schließen. So trafen sich im Oktober 2022 erstmals die Staats- und Regierungschefs von 45 europäischen und vorderasiatischen Ländern in der neu geschaffenen »Europäischen politischen Gemeinschaft« mit dem Ziel, in den Bereichen Politik und Sicherheit, Energie, Investitionen und Infrastruktur enger zusammenzuarbeiten. Die politische Ausrichtung war klar: Russland und Belarus waren als einzige nicht eingeladen worden.

Nicht erst seit Putins Überfall auf die Ukraine befindet sich eine Reihe von Ländern in unserer Nachbarschaft in einer ungewissen Lage. Es sind jene Länder, die nach den rückwärtsgewandten Ideen Putins zur russischen Einflusssphäre gehören und bestenfalls eine imaginäre Pufferzone zwischen Russland und dem Westen bilden können. Wir dürfen diesen überholten Großmachtanspruch nicht akzeptieren und Putins Rechnung nicht aufgehen lassen, die EU muss diesen Ländern Perspektiven bieten, damit sie in Sicherheit, Frieden und Wohlstand leben können. Es geht nicht nur um die Ukraine. Auch die Staaten des westlichen Balkans, Moldau, Georgien und andere Länder des südlichen Kaukasus fühlen sich Europa zugehörig. Die Situation in Belarus ist einstweilen dadurch bestimmt, dass der Diktator Lukaschenko sein Land in russischer Geiselhaft hält, langfristig muss aber auch Belarus eine europäische Perspektive erhalten bleiben.

Die Länder Osteuropas, des Balkans und des Südkaukasus auf ihrem Weg zu unterstützen und ihnen aufzuzeigen, wie sie sich der EU nähern können, ist nicht nur im Interesse jener Länder, sondern auch in unserem: sicherheitspolitisch, aber auch weil wir wirtschaftlich häufig eng mit ihnen verflochten sind, weit enger als Russland oder die USA. Auch hier gilt es die hegemonialen Bestrebungen Chinas im Blick zu behalten, das in jenen Ländern mit gezielten Investitionen und verlockenden Angeboten Handel und Einfluss auszuweiten sucht – ein Grund mehr für Europa, sich zu engagieren. Zwei Bedingungen für einen eventuellen Beitritt müssen erfüllt sein: Es darf keine Rabatte geben, andernfalls bestünde die Gefahr, dass die Kandidaten, zu ihrem eigenen Nachteil, mangelhaft vorbereitet sind und die Substanz der Gemeinschaft verwässern – und die EU muss sich reformieren, bevor sie sich ausweitet.

Die politischen Entwicklungen in Georgien und in Moldau zu Beginn des Jahres 2023 zeigten, dass Moskau aktiv bestrebt ist, die Lage dort zu destabilisieren und, wenn nicht selbst kontrollierenden Einfluss zu gewinnen, so doch zu verhindern, dass diese Länder sich enger an den Westen Europas anbinden. Diese Rolle Russlands als »Spoiler« wurde auch in den Ländern des westlichen Balkans deutlich. Dabei setzt der Kreml auf teils historisch enge Beziehungen, auf die Verbindungen der slawischen Völker und im Falle Serbiens auf die Erinnerung an die NATO-Angriffe während des Jugoslawienkrieges. Wo die Orthodoxie stark ist, wird deutlich, wie sehr die russische Kirche sich als Instrument zur Unterstützung der imperialen Träume Wladimir Putins versteht.

Auch im Westbalkan zeigt sich, wie anders als Russland China vorgeht: Es unterstützt Projekte der Infrastruktur und investiert im Bergbau, die serbische Führung ist dankbarer Abnehmer chinesischer Überwachungstechnologie. In Belgrad entsteht das größte Konfuzius-Institut Europas, eines wichtigen Instruments Pekings, »soft power« in seinem Sinne einzusetzen. Weltweit unterhält China 270 diplomatische Vertretungen, aber 530 Konfuzius-Institute, davon allein 19 in Deutschland. Auf dem Balkan, einer Region vielfältiger historischer und religiöser Traditionen, treten auch die Türkei und arabische Länder mit der Unterstützung muslimischer Einrichtungen wie dem Bau von Moscheen als Akteure in Erscheinung.

Doch in Summe bestehen die stärksten Bindungen der Länder des westlichen Balkans zur EU und zur NATO und ihren Mitgliedstaaten. Außer dem Kosovo, dessen Unabhängigkeit auch von einer Reihe von EU-Staaten nicht anerkannt wird, die separatistische Bestrebungen von Minderheiten auf ihrem eigenen Territorium befürchten, sind alle Länder der Region Mitglied der OSZE. Drei Länder sind bereits Mitglied der NATO – Albanien, Montenegro und Nordmazedonien.

Sechs Staaten der Westbalkan-Region besitzen eine Perspektive auf eine EU-Mitgliedschaft, sie sind in der Gruppe der »WB 6« zusammengeschlossen: Albanien, Bosnien und Herzegowina, Serbien, Montenegro, Nordmazedonien und Kosovo. Die EU hat ihre Anstrengungen verstärkt, ihren Weg hin zu einem Beitritt zu unterstützen. Im Dezember 2022 fand in Tirana erstmals ein »EU-Westbalkan-Gipfel« in der Region statt. Bereits 2014 hatte die Bundesregierung einen »Berliner Prozess« begonnen, der sich vor allem mit wirtschaftlichen Fragen und Themen der regionalen Zusammenarbeit befasst. Die gegenwärtige Regierung hat diese Initiative wieder aufgegriffen und im Dezember 2022 ein Treffen in Berlin durchgeführt, das neben den Regierungen jener Länder und einiger EU-Staaten auch internationale Finanzinstitutionen und Vertreter der lokalen Zivilgesellschaften zusammenführte. Beharrliches Arbeiten führt zu Fortschritten: Seit 2020 gibt es einen »Gemeinsamen regionalen Markt« der sechs Balkanstaaten, 2021 kamen weitere praktische Vereinbarungen hinzu, wie die Erleichterung der Reisefreiheit zwischen den Staaten – künftig reicht der Personalausweis – oder ein Abkommen über Roaming.

Als schwierigstes und auch immer wieder konfliktträchtiges Problem der Region erweisen sich die Beziehungen zwischen Serbien und dem Kosovo, der sich 1999 abspaltete und 2008 für unabhängig erklärte. Anfang 2023 gelang nach mehrjährigen Verhandlungen ein entscheidender Durchbruch, der sich eines interessanten historischen Vorbilds bediente. Beide Staaten verständigten sich darauf, ihre Beziehungen so zu gestalten wie einst die Bundesrepublik Deutschland und die DDR: Serbien erkennt Kosovo völkerrechtlich nicht an, akzeptiert jedoch, mit allen praktischen Auswirkungen, de facto, die Existenz des Nachbarstaats. Noch stehen auch hier letzte Schritte aus; der serbische Präsident gehört zu denen, die die gegenwärtige Situation glauben nutzen zu können und sich durch ständiges Lavieren das Beste aus beiden Welten erschleichen wollen. Doch es zeigt sich, dass beharrliche Diplomatie in einer Region in unserer unmittelbaren Nachbarschaft zu Stabilität und Fortschritten der Zusammenarbeit führen kann.

WELT IM UMBRUCH – DEUTSCHLANDS HERAUSFORDERUNGEN

UNSER STRATEGISCHES DEFIZIT

Eine Welt im Umbruch verlangt von Deutschland Gelassenheit und Mut, Selbstbewusstsein und Entschlossenheit zur Gestaltung. Wir müssen Bestandsaufnahme machen, Ziele formulieren und Strategien entwickeln, die sich an unseren Interessen orientieren. Ziele sind ohne Strategien nicht zu erreichen, Interessen nicht ohne Werte zu denken.

Die gegenwärtige Weltlage ist davon bestimmt, dass einige Staaten hegemoniale Bestrebungen verfolgen, die unseren Interessen zuwiderlaufen, und ihre Ziele auf Kosten anderer – auch auf unsere Kosten – durchzusetzen versuchen. Mit diesen Staaten sind wir nicht nur wirtschaftlich eng verflochten, wir stehen auch vor den gleichen Herausforderungen wie sie. Die Erderwärmung und die Begrenztheit natürlicher Ressourcen, der demographische Wandel und die digitale Transformation, Gefährdungen durch Pandemien, global agierendes organisiertes Verbrechen und Terrorismus, alle diese Themen betreffen Russen und Chinesen, Amerikaner und Europäer, alle Weltregionen gleichermaßen.

Um den neuen Machtansprüchen wirkungsvoll zu begegnen, müssen wir unsere Widerstandskraft stärken und unsere Handlungsfähigkeit erweitern, gleichzeitig aber auch an unserer Bereitschaft festhalten, in funktionierenden internationalen Strukturen, im Verbund starker Partner gemeinsam Zukunft zu gestalten. Der Verlockung, nach alten Rezepten zu greifen und uns in die Konkurrenz und Konfrontation von gegeneinander abgeschotteten Großmächten zu begeben, dürfen wir nicht nachgeben. Damit würde Europa die Gefahr erhöhen, dass Geschichte sich in den Katastrophen genau jener Zeiten wiederholt.

Unsere Werte und Ziele sind im Grundgesetz formuliert. In seiner Präambel heißt es: »Im Bewusstsein seiner Verantwortung vor Gott und den Menschen, von dem Willen beseelt, als gleichberechtigtes Glied in einem vereinten Europa dem Frieden der Welt zu dienen …« Der Gottesbezug mag manchem heute fremd erscheinen; die Überzeugung, dass es nicht richtig ist, sich selbst und die eigene Nation zum Maß aller Dinge zu machen, dürfte gleichwohl von einer übergroßen Mehrheit geteilt werden. In den ersten Artikeln des Grundgesetzes sind die Grundrechte, die wichtigsten, wertebasierten Ziele formuliert. Wenn es in Artikel 1 heißt: »Die Würde des Menschen ist unantastbar«, dann ist tatsächlich jeder einzelne Mensch gemeint und nicht bloß der Staatsbürger oder nur der Deutsche. Die Würde des Menschen ist uns vorgegeben, außerhalb unserer Verfügung.

Aus den Vorgaben des Grundgesetzes leiten sich unsere nationalen wie internationalen Interessen ab, sie stehen nicht im Gegensatz zu den dort formulierten Werten, sondern gründen sich auf diese. Deutschland als Demokratie und Rechtsstaat sieht sich dem Frieden und der Freiheit verpflichtet, deren Grundlage, weltweit, die Achtung der Menschenrechte ist. Als »gleichberechtigtes Glied in einem vereinten Europa« wissen wir, wie schwach der Einzelne ist, wenn er isoliert handelt, und bringen uns deshalb in einem starken regionalen Zusammenschluss ein, den wir mitgestalten. Dabei verfolgen wir Interessen, die sich von denen der anderen unterscheiden können, müssen aber Rücksicht auf jene nehmen. Oberste Richtschnur des Handelns ist die Wahrung des Friedens beziehungsweise das Streben, diesen wiederherzustellen, wo er verletzt wurde. Er ist die Voraussetzung für das Wohlergehen unserer Bürgerinnen und Bürger. Als Land begrenzter Ressourcen, aber starker produktiver Kräfte sind wir auf Austausch und Handel angewiesen, auf Zulieferer und Abnehmer.

Um eine gute Zukunft unseres Landes auch in einer Welt im Umbruch zu gewährleisten, bedarf es mehr als bisher der strategischen Überlegung: Wie kann es uns gelingen, die Energiewende mit Anreizen und Vorgaben so zu gestalten und gleichzeitig den dafür erforderlichen Ausbau unserer Infrastruktur so voranzubringen sowie die Chancen der Digitalisierung so zu nutzen, dass wir auch in zwanzig oder fünfzig Jahren eine zwar andere, aber starke und zukunftsfähige Wirtschaft haben, die Wohlstand gewährleistet? Welche Rolle soll der Staat spielen, wie groß der Umfang seiner Eingriffe in wirtschaftliche und gesellschaftliche Prozesse jenseits von Krisenzeiten sein, in denen wir auf sein entschlossenes Handeln angewiesen sind? Der Herausforderung durch Autokraten und autoritäre Neigungen haben wir uns nicht nur im internationalen Kontext, sondern auch im Inneren zu stellen. Wie können wir Angriffe nicht nur abwehren, sondern unser demokratisches Modell durch Attraktivität und Leistungsfähigkeit zusätzlich stärken? Wie ist Zuwanderung so zu gestalten, dass sie humanitären Grundsätzen entspricht und zugleich Ausgleich schafft beim Problem der Überalterung der Gesellschaft?

Global, strategisch zu denken hat in Deutschland keine Tradition – vielen klingt das noch immer zu sehr nach Macht und Großmacht. In den mehr als siebzig Jahren unseres staatlichen Bestehens gab es nie eine »nationale Sicherheitsstrategie«, die alle Fragen zugleich in den Blick genommen hätte. An einer solchen wird nun erstmals gearbeitet – länger als geplant. Jeder will beteiligt werden, und der Dissens beginnt schon in der Regierung. Im Land der Kompromisse und der Konsensdemokratie besteht die Gefahr, dass sie gleich wieder überladen wird: ein Weihnachtsbaum, an den jedes Ressort und jede Interessengruppe ihr Lametta hängt.

Dem Mangel an strategischer Ausrichtung entspricht eine strukturelle Schwäche unseres Handelns – seine »Versäulung«: Es wird nicht zusammengefügt, was die einzelnen Ressorts der Bundesregierung im internationalen Bereich an Zielen und Politiken verfolgen. Jedes größere Ministerium hat seinen eigenen Planungsstab, für ein koordiniertes Vorgehen fehlt es an institutioneller Voraussetzung. Das Auswärtige Amt, das Umweltministerium, das Ministerium für wirtschaftliche Zusammenarbeit, das Verteidigungsministerium oder das Wirtschaftsministerium – jedes Ressort arbeitet für sich. Zum medialen Dauerbrenner der außenpolitischen Debatte in Deutschland gehört die Frage, ob Bundeskanzler und Außenministerin oder Bundeskanzlerin und Außenminister wohl auf einer Linie liegen. Es stellte den Ausnahmefall dar und bedurfte offensichtlich erst der Krise, dass der Bundeskanzler im Knäuel sich widerstreitender Partei- und Ressortinteressen ein Machtwort sprach und darüber entschied, ob und wie die Laufzeit der Kernkraftwerke verlängert werden soll.

Versäulung zu beenden bedeutet nicht, dem Bundeskanzler, dessen Position ohnehin stark ist, weitere Kompetenzen oder Machtbefugnisse zuzuweisen. Doch es bedarf einer klaren Vorgabe und einer einheitlichen Strategie bei der Umsetzung der internationalen Politik, die für jedes Ressort in seiner Zuständigkeit bindend ist. Eine einheitliche Strategie sollte im Übrigen nicht nur Leitlinie für die Arbeit von Ministerien sein. Kaum ein Land verfügt über so viele – und so gute – Instrumente außenpolitischen Handelns wie Deutschland: den Deutschen Akademischen Austauschdienst und die Auslandshandelskammern, das Goethe-Institut und die Gesellschaft für Internationale Zusammenarbeit, die politischen Stiftungen, die den Parteien nahestehen und andere mehr. Sie alle arbeiten mit Steuergeldern. Es würde ihre Unabhängigkeit nicht einschränken, wenn sie mehr an einem Strang zögen und nicht, wie so oft, in ihrem besonderen Interessenfeld vor sich hin puzzelten. Das gilt auch für das Agieren der Bundesländer im Ausland. In Brüssel kann man uns leicht ausspielen, weil es neben der Vertretung der Bundesrepublik noch 15 teils große Länderbüros gibt, die Partikularinteressen verfolgen.

Es gibt ein Gremium der Bundesregierung, das sich zu einem starken, koordinierenden Instrument ausbauen ließe: den Bundessicherheitsrat, der sich bisher vornehmlich mit Fragen von Rüstungsexporten beschäftigt. In diesem Gremium könnten die grundlegenden Herausforderungen der internationalen Politik analysiert, unsere Abhängigkeiten und strategischen Verwundbarkeiten definiert werden. Darauf aufbauend könnte der Bundessicherheitsrat für das Parlament und die Regierung Strategien und Handlungsvorschläge erarbeiten, die mit denen unserer beiden wichtigsten Bündnisse, der Europäischen Union und der NATO, abgestimmt, gemeinsam beschlossen und dann kohärent umgesetzt werden sollten. Wo die Bundesländer zuständig sind, sollten im Bundesrat auf der Grundlage nationaler Strategien Leitlinien für ein gleichgerichtetes Handeln der Länder verabredet werden, sodass deren teils sich widerstreitende Interessen zum Ausgleich gebracht werden und Alleingängen ein Riegel vorgeschoben ist.

Die gegenwärtige Bundesregierung hatte sich vorgenommen, einen starken nationalen Sicherheitsrat zu schaffen – das Projekt scheiterte: am Kompetenzgerangel. Außenministerin und Bundeskanzler konnten sich nicht darüber einigen, wo er angesiedelt sein sollte. In Zeiten multipler, miteinander verflochtener Herausforderungen wird eine Frage nationaler strategischer Handlungsfähigkeit Opfer des Streites um Zuständigkeiten. Unser Land hat Besseres verdient.

DEUTSCHLANDS ROLLE IN EUROPA UND DER WELT

Wie stellen wir uns Deutschlands künftige Rolle in Europa und der Welt vor? Besonders heftig wird bei uns darüber debattiert, wie viel »Führung« unser Land übernehmen sollte, wir zucken bei diesem Begriff instinktiv zusammen. Es lohnt ein Blick von außen, denn viele unserer Nachbarn haben eine andere Wahrnehmung von Deutschland als wir selbst. »Aufgrund Ihrer Größe und Ihrer Geschichte tragen Sie eine besondere Verantwortung für die Bewahrung von Frieden und Demokratie auf dem Kontinent. Und ich verlange von Deutschland, dass Sie um Ihrer selbst willen und um unseretwillen dazu beitragen, dass er überlebt und gedeiht. Sie wissen genau, dass niemand sonst das tun kann … Ich fürchte die deutsche Macht weniger, als ich anfange, die deutsche Untätigkeit zu fürchten. Sie sind zur unentbehrlichen Nation in Europa geworden. Sie dürfen es nicht versäumen zu führen. Nicht um zu dominieren, sondern um Reformen anzuführen. Vorausgesetzt, Sie beziehen uns in die Entscheidungsfindung ein, [werden wir] Sie unterstützen.«

Dies sind die Worte eines polnischen Außenministers. Radek Sikorski war es, der in dieser Eindringlichkeit bereits 2011 an uns appellierte. Gegenwärtig beschäftigen wir uns gern mit den Defiziten unserer Unterstützung für die Ukraine. Im Februar 2023 äußerte sich der britische Außenminister James Cleverly dazu: »Deutschland hat einige extrem mutige, schwierige, aber sehr wichtige Entscheidungen getroffen … Das ist bewundernswert, und ich bin überrascht, dass Deutschland dafür weniger Anerkennung bekommt, als es verdient.«

Es ist ja richtig, sich nicht ständig selbst auf die Schulter zu klopfen, aber der Blick von außen zeigt, dass wir in Vielem besser sind, als wir meinen, und die Erwartungen an uns höher, als wir denken. Wir sollten ihnen gerecht werden und dabei stets die unabdingbare Voraussetzung im Kopf haben, unsere Partner miteinzubeziehen.

Europa ist und bleibt der Dreh- und Angelpunkt unseres nationalen Wohls. Auf uns allein gestellt, würden wir international keine Rolle spielen. Der europäischen Integration mit ihren Errungenschaften – dem Binnenmarkt mit seinen vier Freiheiten, der gemeinsamen Währung, einheitlichen Außengrenzen – verdanken wir nicht allein unseren Wohlstand und unsere Wettbewerbsfähigkeit, sondern auch den Frieden, in dem wir Europäer heute miteinander leben. Zugleich bedarf Europa der Reform und des Fortschritts, gerade in Zeiten, die von uns starke, internationale Handlungsfähigkeit verlangen. Gemeinsam mit anderen sollten wir Deutsche Vorschläge hierfür entwickeln, bei denen sich möglichst viele einbezogen fühlen; gleichzeitig sollten wir uns um jene bemühen, die oft skeptisch am Rande stehen wie die Polen oder die Ungarn. Verschiedenheit sollten wir nicht mit Kopfschütteln begegnen, wenn sie uns zu gestrig oder gar falsch erscheint: Würde, Stolz, Respekt beispielsweise spielen im Gefühl vieler Völker unverändert eine größere Rolle als bei uns. Unsere Interessen dürfen wir auf europäischer Ebene so selbstbewusst vertreten, wie andere dies auch tun, Alleingänge verbieten sich.

Als europäisches Land mit den meisten Nachbarn wissen wir, wie schwierig es sein kann, einen Ausgleich zu finden. Also sollten wir unsere Erfahrungen und unser Gewicht in die Waagschale werfen, Regionen am Rande Europas zu mehr Miteinander zu verhelfen und ihnen so den Weg nach Europa zu erleichtern. Das Beispiel des westlichen Balkans zeigt, dass deutsche Außenpolitik dazu erfolgreich beitragen kann. Solidarität mit den Ländern des Südens ist wichtig und liegt in unserem eigenen Interesse. Anders als die rivalisierenden Großmächte oder ehemalige Kolonialmächte hat Deutschland in vielen Ländern des globalen Südens einen guten Ruf und kann ihnen ein verlässlicher und starker Partner sein.

Unsere besondere Aufmerksamkeit muss beständig China gelten, das danach strebt, globale Dominanz zu erzielen und sich zur Durchsetzung seiner Interessen unverhohlen der Macht des Stärkeren bedient. Zugleich ist gerade das Reich der Mitte auf andere Märkte angewiesen, auf Investitionen und wissenschaftlich-technologischen Austausch. Treten die Europäer geschlossen auf, sind sie die stärkste Handelsmacht der Welt; gelingt es uns, uns mit den USA in der China-Politik abzustimmen, lässt sich Einfluss nehmen. Eine völlige Abkehr von China, ein »de-coupling«, ist weder sinnvoll noch möglich, eine stärkere Orientierung auf andere Länder mit Zukunftspotenzial hingegen schon. Es ist eine alte Weisheit, nicht alle Eier in einen Korb zu legen.

Der für alle beste Weg wird nicht dadurch falsch, dass nicht alle ihm folgen. Wir müssen alles dafür tun, die Institutionen und Regeln eines funktionierenden Multilateralismus zu erhalten, zu reformieren, zu verbessern – sei es in der Welthandelsorganisation oder den Vereinten Nationen. Sie bieten unverändert die beste Gewähr für ein langfristig gedeihliches Miteinander. Werden Institutionen blockiert und kommt es zu keinen Fortschritten, wie beim Kampf gegen den Klimawandel, so ist es richtig, wenn Gleichgesinnte sich zusammenschließen und vorangehen, vorausgesetzt, dies grenzt niemanden aus und verletzt nicht die Interessen anderer.

Nicht immer werden wir die USA an unserer Seite finden, und sie werden ein schwieriger Partner bleiben. Aber auch ein unverzichtbarer Partner, der unsere Sicherheit gewährleistet und unsere Werte und Vorstellungen grundsätzlich teilt. Auch wenn uns manche Entwicklung in den USA befremdet, sollten wir nicht vorschnell urteilen und verurteilen; falls die amerikanischen Wähler nächstes Jahr entscheiden, ihr Land in eine grundsätzlich andere Richtung zu lenken, müssen wir jedoch darauf vorbereitet sein.

Solange die russische Führung an ihren aggressiven Zielen ultimativ festhält, im Kompromiss keinen Nutzen sieht und Nachgiebigkeit als Ermutigung zu neuem Ausgreifen, müssen wir der Ukraine weiter entschlossen zur Seite stehen. Als Opfer der Aggression muss sie das Recht behalten, zu einem selbstbestimmten, unabhängigen und souveränen Weg zurückkehren zu können. Der Blick auf das Schlachtfeld darf uns jedoch nicht den Blick auf den Horizont verstellen: Wie könnte ein Frieden gelingen, der keine einseitigen Konzessionen macht, Russland entschlossen in Schach hält und allen Seiten die Chance zu einem Neuanfang gibt?

Wir dürfen nicht vergessen: Wladimir Putin zielt auf uns und unsere Freiheit. Russland darf es nicht gelingen, Europa wieder in Einflusssphären und Pufferzonen einzuteilen, die stets zu den Trampelpfaden der Armeen wurden. Die Konfrontation, in die er uns geführt hat, müssen wir gestalten, Russland nicht bloß niederringen wollen. Wir müssen eines Tages wieder Sicherheit durch Verabredungen schaffen, die zugleich gewährleistet, dass Moskau nicht erneut der Versuchung erliegt, aggressiv zu agieren. Um Russland davon abzuhalten und es einzuhegen, müssen wir abwehrbereit und in der Lage sein, uns selbst und unsere Partner zu schützen. Zugleich sollten wir dem »anderen Russland« verbunden bleiben, das sich derzeit nicht zeigen kann, weil es von Putin zum Schweigen gebracht oder ins Exil getrieben wurde. Dieses andere Russland bleibt unser Partner für eine bessere Zeit. »Nur der Westen glaubt, Russland sei unfähig zur Demokratie«, hat Michail Gorbatschow einmal gesagt.

WENN WIR WOLLEN, DASS ES SO BLEIBT ...

Kaum ein Land des Westens ist von den gegenwärtigen Herausforderungen so stark betroffen wie Deutschland. Unser altes Geschäftsmodell wird nicht mehr funktionieren: billiges Gas aus Russland, billige Verteidigung aus den USA und teure Exporte nach China.

Natürlich verkürzt eine solche Sichtweise auch. Wir haben unsere Verteidigungsfähigkeit vernachlässigt, doch wer meint, Deutschland habe sich in der Sicherheitspolitik einen schlanken Fuß gemacht, definiert Sicherheit rein militärisch. Das übersieht die im internationalen Vergleich bedeutenden Beiträge unseres Land zu humanitärer Hilfe, zu Entwicklung, Stabilität und Fortschritt in der Welt. Deutschland war das Land, das der Ukraine vor Ausbruch des Krieges die meiste nichtmilitärische Unterstützung zur Verfügung stellte.

Unser wachsender Wohlstand, den wir zu einem großen Teil China und günstiger Energie zu verdanken haben, kam vielen zugute, auch Partnern in Europa, deren heutige Kritik gelegentlich nicht frei ist von Häme. Uns hat es erlaubt, eine ehrgeizige Energiewende auf den Weg zu bringen; die Entscheidung, langfristig zur Nutzung erneuerbarer Energien überzugehen, findet heute weltweit Anklang und Nachahmung. Deutschland hat hierfür viel Geld in die Forschung und in staatliche Programme gesteckt, andere sind jetzt in der guten Lage, aus unseren Erkenntnissen und auch von unseren Fehlern zu lernen. Uns eröffnet es die Chance, auch in Zukunft eine der wettbewerbsfähigsten Volkswirtschaften der Welt zu sein.

2021 stammten 40 Prozent unseres Stromverbrauchs aus Wind, Sonne, Biomasse und Wasserkraft, was vielen Prognostikern zu Beginn der Energiewende unmöglich erschien. Betrachtet man unseren gesamten Energieverbrauch, so stammen noch weniger als 20 Prozent aus erneuerbaren Quellen, vor allem in den Bereichen Wärme und Verkehr dominieren weiterhin die fossilen Energieträger. Große Hoffnungen und Anstrengungen richten sich darauf, Wasserstoff als Energiespeicher zu nutzen und mithilfe von Brennstoffzellen Strom und Wärme zu erzeugen: eine Entwicklung mit großem Potenzial. Im Zeitraum 2011 bis 2020 kamen aus Deutschland 11 Prozent aller Patentanmeldungen im Bereich Wasserstoff weltweit.

Unser ehrgeiziger Weg der Reduzierung von CO_2-Emissionen wird zu höheren Energiepreisen führen, viel Geld kosten und manches Geschäftsmodell unrentabel machen. Doch dank unserer Stärke zur Innovation kann der Wirtschaftsstandort Deutschland wettbewerbsfähig bleiben. Als besonders innovativ und leistungsstark erweisen sich immer aufs Neue die 2,5 Millionen Unternehmen in unserem Land, von denen mehr als die Hälfte familiengeführt ist. Sie stellen deutlich mehr als 50 Prozent aller Arbeitsplätze, haben den größten Anteil am Export und tragen wesentlich die Volkswirtschaft. »German Mittelstand« ist weltweit zu einem festen Begriff geworden und Deutschland ist das Land der »Weltmarktführer«, Unternehmen mit regionaler Verwurzelung und globaler Integration. So sehr uns der Zustand der Bildung in Deutschland insgesamt Sorge bereiten muss: Das System der dualen Ausbildung in Betrieb und Berufsschule dient weltweit als Vorbild.

Bereits 2009 hatte China Deutschland als »Exportweltmeister« abgelöst, seither baute es seinen Vorsprung beharrlich aus. Nach wie vor ist Deutschland jedoch der viertgrößte Industriestandort der Welt (nach China, den USA und Japan). Fast die Hälfte unserer Waren und Dienstleistungen geht in den Export – Autos, Maschinen und chemische Erzeugnisse an erster Stelle –, jeder vierte Arbeitsplatz in Deutschland hängt vom Export ab. Der Wert unseres Außenhandels stieg kontinuierlich und erreichte 2021 einen weiteren Rekord.

Prognosen, in absehbarer Zeit werde es zu einer Deindustrialisierung Deutschlands kommen, gibt es praktisch seit Bestehen der Bundesrepublik. Wirtschaft und Industrieverbände produzierten regelmäßig eindrucksvolle Vorhersagen, um staatliche Reformen im Sozialbereich oder gewerkschaftliche Forderungen abzuwehren. Auch maßgebliche Wirtschaftswissenschaftler stehen dem häufig nicht nach. Die Irrtumswahrscheinlichkeit selbst kurzfristiger Vorhersagen ist groß: Anfang 2022 prognostizierten führende Volkswirte den – dank dem Ende der Corona-Maßnahmen – stärksten Wirtschaftsaufschwung seit der Wiedervereinigung. Nach Beginn des russischen Angriffskrieges häuften sich die Warnungen vor der größten Wirtschaftskrise unserer Geschichte. Am Ende stand, trotz aller Belastungen, ein Wachstum von 1,9 Prozent. »Das Buch der fehlgeschlagenen Prognosen« wäre zweifellos eine spannende Lektüre.

Aufgabe von Politik ist es, die notwendigen Rahmenbedingungen und Voraussetzungen zu schaffen, damit wirtschaftliche Tätigkeit sich entfalten kann und attraktiv und wettbewerbsfähig bleibt. Dazu gehören der Abbau bürokratischer Hemmnisse, die Beschleunigung von Genehmigungsverfahren oder die Vereinfachung des Steuersystems. Eine der entscheidenden Bedingungen effektiven Wirtschaftens ist eine intakte Infrastruktur. Im europäischen Vergleich hat Deutschland insbesondere im Bereich der Digitalisierung der Verwaltung erheblichen Nachholbedarf.

Insgesamt ist unsere digitale Infrastruktur jedoch, nach übereinstimmenden Erhebungen der Vereinten Nationen, der OECD und der EU, besser als vielfach vermutet und liegt über dem Durchschnitt der EU. 95 Prozent der Bevölkerung haben Zugang zum Internet. Über dem EU-Durchschnitt liegt Deutschland auch beim Anteil, den der Datenmarkt zur Wirtschaftsleistung beiträgt und der, so die Prognosen, bis 2025 etwa 5 Prozent betragen dürfte.

Viele unserer heutigen Sorgen werden medial aufgebauscht. Irgendwo lässt sich immer eine erschreckende Zahl finden, mit der sich eine angeblich dramatische Entwicklung illustrieren lässt. Zu den Kompetenzen, die einer jungen Generation vermittelt werden müssen, gehört, sich nicht im Internet mithilfe subjektiv gewählter Quellen eine im Zweifel vorgefasste Meinung bestätigen zu lassen, sondern auf die Aussagen der Wissenschaft zu vertrauen und auf die Einordnung durch qualifizierte Journalistinnen und Journalisten.

*

Die Probleme und Herausforderungen, vor denen wir stehen, sind unbestreitbar groß, vielfältig und miteinander verwoben. »Ich fordere Sie nicht dazu auf, sich keine Sorgen zu machen«, sagt der bereits zitierte schwedische Wissenschaftler Hans Rosling in seinem Buch »Factfulness. Wie wir lernen, die Welt so zu sehen, wie sie wirklich ist«. »Aber ich fordere Sie auf, sich über die richtigen Dinge Sorgen zu machen … Lassen Sie sich weniger von den imaginären Problemen einer überdramatisierten Welt stressen und seien Sie dafür wachsamer gegenüber den realen Problemen und den Möglichkeiten, diese zu lösen.«

Es liegt in der Natur der Gegenwart, ihre Probleme zu kennen, aber nicht die Lösungen von morgen. Mehr Zuversicht würde uns guttun, Anlass gibt es genug. Wir leben in einer lebendigen Demokratie mit einer Volkswirtschaft auf Weltniveau, wir haben einen verlässlichen Rechtsstaat, ein im Vergleich überdurchschnittlich gutes Bildungssystem, eine sehr gute medizinische Versorgung, einen starken Sozialstaat und eine insgesamt leistungsfähige Infrastruktur und gut funktionierende öffentliche Verwaltung. Aus Deutschland kommen unverändert wissenschaftliche und technische Hochleistungen, die Wandel und Zukunft ermöglichen. Wir leben in einem Land großen kulturellen Reichtums, mit einer Geschichte, in der es auch gute, bewundernswerte Leistungen gegeben hat.

Demokratie und Rechtsstaat, Wahlen, eine kritische Opposition und freie Medien bleiben die kraftvollste Antwort auf die Umwälzungen, denen wir uns ausgesetzt sehen. Wir müssen uns dabei bemühen, alle mitzunehmen, die sich in der Demokratie zu Hause fühlen wollen. Gegen jene, die die Freiheit ausnutzen, um sie zu beseitigen, muss entschieden vorgegangen werden; jene Zweifelnden, die vielleicht bloß nicht in der Lage sind, ihren Unmut angemessen auszudrücken, dürfen wir nicht reflexartig ausgrenzen.

Was wir aufgebaut haben, können wir bewahren, wenn wir den Willen und die Bereitschaft haben, uns für eine wirtschaftliche und politische Verfassung einzusetzen, zu der es keine bessere Alternative gibt. Und wenn wir offen bleiben für Veränderungen, wie der junge Tancredi in Giuseppe Tomasi di Lampedusas wunderbarem Roman »Der Leopard«, der für den Aufbruch zur Einigung Italiens 1861 kämpft: »Wenn wir wollen, dass alles so bleibt, wie es ist, muss sich alles ändern«.

DANK

Beim Verfassen dieses Buches habe ich viel Unterstützung erfahren. Besonders zu danken habe ich einmal mehr dem Autor und Lektor Thomas Karlauf und dem Lektor des Aufbau Verlages Christian Koth sowie dem Volkswirt Dr. Nils Hesse für viel Zuarbeit, kritische Anmerkungen und einen lebendigen Austausch. Wichtigen Rat und Anregungen verdanke ich dem China-Experten Professor Eberhard Sandschneider, wie ich Partner beim Beratungsunternehmen »Berlin Global Advisors«, Brigadegeneral a. D. Reiner Schwalb, dem früheren Präsidenten der Bundesbank, Prof. Dr. Jens Weidmann, dem Direktor des Forschungsinstituts für internationale Politik und Sicherheit, Dr. Stefan Mair, Botschafter a. D. Martin Kobler, ehemaliger Sondergesandter der Vereinten Nationen, Alexander Dergay und Friedrich von Fritsch. Den größten Dank schulde ich auch diesmal meiner Frau, die mir den Raum gelassen und mich dabei unterstützt hat, dieses Buch zu schreiben.